南美白对虾

淡化养殖

500问

绍兴市水产技术推广中心 | 组编

戚正梁 | 主编

中国农业出版社

北　京

本书编委会

主　编　戚正梁

副主编　王永伟　杨庆满

编　者（按姓氏笔画排序）

王永伟　王潮林　王燕波　包永胜

吕泽平　朱　迪　杨庆满　邱　晴

茅华华　郦森庆　袁建强　钱　冬

唐玲燕　戚正梁

统　稿　戚正梁

前 言
FOREWORD

南美白对虾（*Penaeus vannamei*），学名凡纳滨对虾（*Litopenaeus vannamei*），俗称白肢虾（White-leg shrimp）、白对虾（Whiteshrimp）。属节肢动物门（Arthopoda）、甲壳纲（Crustacean）、十足目（Decapoda）、对虾科（Penacidae）、对虾属（*Penaeus*）。原产于中南美洲，北至墨西哥，南到智利的太平洋沿岸海域均有分布，为广温广盐性热带虾类。具有适应性强、生长速度快、营养需求低、抗病能力强等特点，是世界养殖产量最高的三大对虾优良品种之一，因适盐范围广而适合低盐度淡化养殖。

1988年，我国由中国科学院海洋研究所开展南美白对虾的引进、适应性养殖以及人工繁育；并在1992年突破了苗种繁育，从小试到中试直至在全国各地推广养殖。1998年，南美白对虾淡化养殖在南方沿海地区获得成功，并随着其技术的逐渐成熟，大面积推广工作的开展，南美白对虾养殖从广东、海南逐步北上推进到了山东、辽宁，由沿海地区海水养殖逐步拓展到内陆地区低盐度淡化养殖、纯淡水养殖。目前，全国除西藏、青海等少数地区外，均开展了南美白对虾的淡化养殖。根据《2021中国渔业统计年鉴》数据，2020年全国南美白对虾养殖总产量为 1 862 937 吨，其中，淡水养殖产量 665 202 吨，占总养殖产量的 35.71%，已成为一些地方水产养殖的主要品种和渔民增收致富的重要途径。

    浙江环杭州湾内陆淡水地区，是国内较早开展南美白对虾淡化养殖的地区。在搜集整理上述地区南美白对虾淡化养殖技术模式的基础上，结合科研推广、养殖生产实践，并借鉴国内其他地区淡化养殖经验和有关文献，我们编写了《南美白对虾淡化养殖 500 问》一书，以期对内陆地区广大养殖生产者更好地开展南美白对虾淡化养殖提供参考。由于水平有限，定有不当之处，望广大技术人员和养殖实践者提出宝贵意见。

编　者

2021 年 8 月

目　录
CONTENTS

前言

二、虾苗的淡化培育

三、淡化养殖日常管理

四、淡化养殖环境调控

五、淡化养殖投饲管理

六、淡化养殖病害防控

七、淡化养殖技术模式

一、淡化养殖基础条件

南美白对虾具有广盐性，可在海水、咸淡水和淡水中生活。加之它的生存水温为 6～40℃，生长水温为 15～38℃，使得我国广大的内陆地区具备了开展南美白对虾淡化养殖基本的自然条件。除此之外，开展南美白对虾淡化养殖还需要充足的水源、良好的水质、便捷的交通、充足的电力供应、畅通的通信信息等外部环境条件，适宜的养殖池塘和比较完备的内部道路及排灌、水处理、水监测、增氧、供电等养殖生产配套系统，以及较为齐全的生产、生活配套设施设备，合理的人员配置等基础条件。

1 什么是南美白对虾的淡化养殖？

南美白对虾原产于南美洲太平洋沿岸海域，其对盐度的适应能力很强，其盐度适应范围为 5～45，最适盐度范围为 10～25。在逐渐淡化的情况下，也可在盐度为 1～3 的微咸水以及 0～0.5 淡水中正常生长。南美白对虾的淡化养殖，就是利用它的广盐性，通过对南美白对虾苗种的淡化培育，使之适应在淡水或低盐度环境条件生长，从而开展的池塘养殖生产。

2 环杭州湾围涂地区是否适宜养殖南美白对虾？

环杭州湾围涂地区经过 40 余年的围垦沉积、生产耕作和养殖生产，其池塘养殖生产区域和周边水域中水的盐度通常为

0～3，pH 通常在 8.0 左右，且区域内道路纵横，河道网布；交通便捷，通信畅通，电力供应充足，非常适宜开展南美白对虾的淡化养殖。目前，该区域已有南美白对虾淡化养殖基地 30 余万亩*，成为浙江省最大的南美白对虾集中养殖区域和全国重要的淡化养殖区域。

3　内陆淡水地区是否适宜养殖南美白对虾？

随着苗种繁育淡化技术的成熟，包装运输技术的提高，特别交通航空运输业的快速发展，为虾苗的长途运输提供了可靠的保障。因此，只要当地气候、水温等自然条件适宜，水源水质、电力交通等环境条件具备，基地养殖配套设施和人员等生产条件完备，就能进行南美白对虾的淡化养殖。目前，南美白对虾的淡化养殖已从沿海内陆低盐地区纵深推进到了中西部内陆淡水地区，除西藏、青海、吉林等少数外，其他省份均开展了南美白对虾的淡化养殖。

4　我国南美白对虾的淡化养殖产量有多少？

据《中国渔业统计年鉴》统计，2020 年全国南美白对虾淡水养殖年产量为 665 202 吨，约占全国南美白对虾年养殖总产量的 35.71%，且全国南美白对虾淡水养殖呈现较高的集中度。其中，广东省 21.42 万吨，占淡水养殖总产量的 32.20%，居首位；江苏省 11.92 万吨，位居第二；福建、浙江、山东等省份南美白对虾淡水养殖产量为 5 万～10 万吨；其他省份产量均在 5 万吨以下。南美白对虾淡水养殖产量前三地区合计占比为 63.14%，前五地区合计占比达 82.50%。

　＊　亩为非法定计量单位，1 亩＝1/15 公顷。——编者注

5 **南美白对虾养殖场应具备哪些基本条件?**

除了自然气候条件适宜对虾生长外,南美白对虾养殖场应具备:①良好的外部环境条件,养殖场周围无污染企业,水源水充足无污染,水质清新良好,交通快捷便利,电力供应充足,通信畅通无阻;②应具备良好的内部环境条件,场内道路畅通,环境卫生整洁,生活、办公和生产区域布局合理;③应具备良好的生产条件,基础配套设施完备,生产设施齐全,人员配置合理。

6 **南美白对虾养殖场水源应符合什么条件?**

南美白对虾养殖场要充分考虑养殖用水的水源、水质条件。由于南美白对虾淡化养殖一般以河流、湖泊等作为水源,因此,要求水源河流、湖泊水量充足,特别是在夏季高温时期、区域用水高峰期间无少水、缺水现象发生。河流、湖泊上游,特别是养殖场取水口周边无污染企业或污染物排入水源河流。

7 **南美白对虾养殖水质应符合什么条件?**

水质对于养殖生产影响很大,南美白对虾淡化养殖用水的水质必须符合《渔业水质标准》(GB 11607)的规定。对于部分指标或阶段性指标不符合规定的养殖水源,应考虑建设原水处理设施,以确保注入对虾养殖池塘水的水质符合要求。

8 **气候条件对南美白对虾养殖有影响吗?**

目前,南美白对虾养殖方式以室外露天池塘养殖为主,自然气候条件,如温度的变化,光照强度以及光照时间的积累,风向的转变,气压的波动,雨水的多少等,都对南美白对虾的池塘养殖成效有较大的影响。

9 开展南美白对虾养殖应具备怎样的气候条件？

通常，南美白对虾养殖要求满足天气晴朗，阳光充足，光照强度强、时间长，相对积温多而适宜，且无持续高温、干旱天气等气候条件；台风、暴风、大雾、暴雨、阴雨、阵雨和连续阴天等极端天气出现次数少、时间短，气象稳定，以利于南美白对虾发育、蜕壳、生长。因此，在实际养殖生产中，可通过采用大棚设施养殖模式，来避免或降低外界气候和气象变化对南美白对虾淡化养殖的直接影响，确保养殖微环境的稳定，并已得到了广泛应用。

10 南美白对虾养殖对水温有什么要求？

南美白对虾为变温动物，温度的变化直接影响着南美白对虾的生长速度甚至生命。南美白对虾的生存水温为 6～40℃，生长水温为 15～38℃，最适生长水温为 22～35℃。生产上，以池塘水温达到 20℃作为南美白对虾养殖放苗适宜气候开始期，以池塘水温低于 20℃作为南美白对虾捕捞的安全下限期。这是因为当水温低于 20℃时，南美白对虾生长就极其缓慢，且长时间的低温会导致南美白对虾体能衰退，抗病力下降，极易诱发疾病死亡；当水温低于 18℃时，南美白对虾就停止摄食，其活动受到影响；若水温长时间处于 18℃，则南美白对虾就会出现昏迷状态；当水温低于 9℃时，南美白对虾就会出现死亡现象。

11 南美白对虾养殖水温越高越好吗？

与其他虾类相比，南美白对虾更加耐高温，且在高温养殖条件下其生长也较快，但其养殖温度也并非越高越好。当水温高于 33℃时，南美白对虾生理代谢非常旺盛，对溶氧以及营养的需求量极大，然而水温越高，气体在水中的溶解度越低，从而导致水体中溶解氧难以满足南美白对虾的生理需求，使南美白对虾出现肠道、虾腿、虾须、尾扇等非发病性发红的现象；而当水温高于40℃时，就可能出现养殖南美白对虾的死亡现象。

12 南美白对虾养殖应具备哪些配套设施和设备？

南美白对虾养殖应具备适宜的养殖池塘和比较完备的养殖生产、生活配套设施和设备，包括办公室、档案室、实验室、塘边管理房、配电房、锅炉房及机械、饲料、药品仓库等生产管理用房；厨房、餐厅、住宿、卫生等生活管理用房；贯通全场的道路，进排水系统，养殖用水处理设施（源水处理池、蓄水池、尾水处理池），与养殖面积相匹配的电力容量和排灌（水泵）、增氧（增氧机、罗茨鼓风机、纳米曝气管盘）、投饲（颗粒饲料投饲机、饲料观察台）、捕捞（地虾笼、拖网）、运输（手拉车、小型电瓶运输车、塑料桶）、电力（电箱、开关、电闸、发电机）、清塘（泥浆泵）、水质净化（水质净化过滤）、水质监测（水质在线监测系统、自动报警器、实验室检测）、水温调控（锅炉、电加热、太阳能供水）、苗种培育、防病消毒等相关的设备和设施。具体可根据养殖基地规模和实际生产需要，因场而异地加以配置。

13 南美白对虾养殖池塘应具备什么条件？

以目前环杭州湾沿岸南美白对虾淡化养殖基地为例，南美白对虾淡化养殖池塘类型主要有全土池、塘坝硬化式土池、塘坝地膜覆盖式土池及全池硬化、全池地膜覆盖等几种类型，但总体要求具有一致性，即养殖池要求沙质底，具有良好的保水性，池底及池壁无渗漏。池深2.5～3米，养殖期可保持水深2米以上；池塘坡度比一般为1∶3或1∶2（水泥池可小于1∶1）；具有独立的进排水系统，避免疾病发生时交叉感染。进水渠或管尽可能位于长方形池塘的短边一侧、两排池塘之间，排水以采用底排方式为宜。

14 南美白对虾淡化养殖池塘采用泥土底有什么优点？

南美白对虾淡化养殖池塘采用泥土底，而非水泥硬化底。在放苗阶段，可利用土壤中营养元素丰富、易于藻类和浮游动物培育的自然条件，为刚放养进池的虾苗提供充足适口的浮游动物和各种藻类；在养殖过程中，可利用土壤吸附缓冲能力较强的特性，把营养物质吸附在池底；当水体富营养化时，吸附无机盐及部分有机碎屑，并形成生物膜，隔绝有害物质与水体的交换；当水体环境发生变异，如下雨、换水时，水体中营养物质减少，藻相缺肥变淡时，又可释放原本吸附在土壤中的营养物质，如盐类、蛋白质等，加快藻类和浮游动物的繁殖，保持水质稳定，缓解虾病发生。且由于淡化养殖与海水养殖相比，淡水水体对氨氮、亚硝酸盐的自净能力较差，因此，借助土壤的吸附和释放功能，有助于保持水质的稳定。

15 南美白对虾淡化养殖池塘采用泥土底又有什么不足？

南美白对虾淡化养殖池塘采用泥土底虽有较强的自净能力、吸污缓冲能力，但在养殖过程中，特别是养殖后期，随着南美白对虾摄食量增加，泥底残饵、排泄物等的积累超过其吸附分解能力时，反而不易通过底排水彻底处理干净，易造成底部（局部）环境恶化。严重时影响整池水质及生态环境，危及南美白对虾的生长及淡化养殖生产。

16 南美白对虾淡化养殖池塘底部硬化有什么优缺点？

南美白对虾淡化养殖池塘采取底部硬化模式，可将底部建成锅底形，并通过增氧机使池水整池旋转，借助水流的旋转作用，通过底部排水，较为彻底地排除养殖过程中的残饵、排泄物等污染源物质，保持池底相对干净。特别是在养殖后期，能较好地防止因养殖污染源物质的积累而造成的水质恶化。但缺点是前期虾苗适口饵料生物的自然培育能力较差，不如泥土底方便有利，并且对水质的调节缓冲能力较弱。

17 南美白对虾养殖池面积多大比较适宜？

南美白对虾养殖池面积大小，应根据养殖场整体规划、技术管理能力而确定，一般以 5～10 亩比较适宜。面积过大，容易造成投饵不均，巡塘观察困难，不利于日常管理；面积过小，水体自我调节能力薄弱，水质管理难度加大，容易引起养殖池水质变化，诱发南美白对虾应急反应。对于设施条件较好、设备配置齐全、技术能力较强、管理水平较高的，可采取相对密度较高的养殖模式，采用面积 2～5 亩、比常规养殖面积略小的池塘。

18 南美白对虾养殖池采取什么样的形状和走向较好？

南美白对虾养殖池塘以圆形、方形圆角或长方形为佳。如果为长方形，应为东西走向，长宽比小于 3∶2，使池面充分接受阳光照射，满足水中天然饵料的生长需要，并有利于池塘水体流转，避免存在较大死角和死区，以利于养殖生产。对于特殊区域的池塘，在考虑光照的同时，也要适当考虑是否有利于风力搅动水面，增加溶氧量。池底以锅底形、中间底部排水为最佳，或整体向排水口一侧略倾斜，做到池底积水可自流排干，以利晒池和清洁处理池底。

19 **何谓高标准南美白对虾养殖池塘?**

高标准南美白对虾养殖池塘是与普通南美白对虾土池相比而言,参照南美白对虾高位池养殖建设,将池塘内侧四周塘坡硬化,通过明渠或暗渠(管)进水,采用底部暗管排水的养殖池塘。高标准南美白对虾养殖池塘有利于养殖生产过程中的日常管理,特别是水质管理,方便养殖后期排水、换水,为养殖生产创造良好的底部环境。同时,也有利于养殖池塘清塘、晒池,为日后南美白对虾养殖生产奠定基础。

20 **高标准南美白对虾养殖池塘怎样护坡?**

高标准南美白对虾养殖池塘内侧塘坡硬化采用水泥五孔板护砌,并用水泥浆嵌缝,以防渗漏;或直接在土坡上铺设铁丝网片,然后用混凝土灌浆现浇成一体。但两种护坡方法都必须在斜坡底部预先埋设或浇注地梁,并与塘坡硬化成一体,以防养殖过程中因池塘水体流动或混养鱼类冲击使得底泥松动流失,进而造成塘坡松动坍塌。

21 **什么是南美白对虾养殖设施大棚?**

南美白对虾养殖设施大棚是搭建于养殖池塘之上,主要由立柱、横梁、棚体或钢丝网等框架构件和透光塑料薄膜组成,具有保温(可加热)、避雨、防风、透光等温室功能,可避免或降低外界气候和气象变化对南美白对虾养殖的影响。在不适宜南美白对虾室外养殖的季节,为其提供相对稳定的微气候环境和养殖水体环境的人工设施。南美白对虾养殖设施大棚,为实施南美白对虾的多茬养殖、反季节养殖创造了必要的条件。

22 **构建南美白对虾养殖设施大棚的基本要求有哪些？**

构建南美白对虾设施大棚必须根据当地情况，考虑光照强度、风力风向、是否加热升温保温等综合因素，来规划设计池塘及大棚走向。或采取南北走向搭建大棚，以便更好地利用太阳光能；或东西走向搭建大棚，以便更好地抗击阵风。并同时考虑池塘的保温、防水、面积大小等因素。一般要求大棚横跨宽度控制在 60 米以内，具有良好的抗风抗压性，能抗 10 级大风和 12.5 厘米厚度的积雪，既具保温性，又有通风性。并建有集水、排水沟，防止雨水渗流入虾池，确保池水温度和水质稳定。有条件的话，也可将几个虾池连在一起搭建连栋大棚。

23 **南美白对虾养殖设施大棚由哪些构件和材料组成？**

组成南美白对虾养殖设施大棚的主要构件和材料有立柱、横梁、锚固梁＋拉环（或木桩）、钢架或钢丝拉绳、透光塑料薄膜、网片、网绳等。通常用水泥杆或水泥桩＋镀锌钢管做支撑立柱，用同尺寸镀锌钢管做顶拉梁，用镀锌钢管或镀锌钢管＋元钢焊接做横梁，用钢筋混凝土浇筑锚固梁＋拉环或用木桩替代用于钢丝绳、网绳的固定，用钢丝绳做顶棚牵绳或用钢架做顶棚框架，用透光塑料薄膜覆盖作保温顶棚，用尼龙网做顶棚保护罩，做成各种类型的保温设施大棚。特殊的如钢架砖混大棚，则还包括建于塘埂四周用于架建钢架的支撑砖墙及配套的通风窗、换气扇等。

24 **南美白对虾设施大棚主要有哪几种类型？**

目前，南美白对虾设施大棚主要有钢架大棚、钢丝网大棚和竹木简易大棚三种类型。其中，钢架大棚按形状可分为拱形钢架大棚、屋脊形钢架大棚等，按大棚使用材料和结构，可分为全钢架大棚、钢架砖混大棚；钢丝网大棚则可分为"人"字式钢丝网大棚、伞式钢索大棚等。

25 各种类型的养殖设施大棚构架有什么差异？

南美白对虾养殖设施大棚构架的主要差异在于立柱的设置、横梁的有无及安置、顶棚的起始点。全钢钢架大棚直接以两侧塘埂为起线搭建钢架框、固定网片网绳等。钢架砖混大棚则沿池塘四周搭建砖墙，开通风窗若干，上架拱形钢架棚。"人"字式钢丝网大棚以池塘内部的立柱和主梁为依托，向塘埂两侧地面安置固定钢丝、网片等。伞式钢丝大棚其钢丝由池塘中心立柱顶端呈支开的伞状向塘埂四周发散、固定。竹木简易大棚则以竹木为立柱和横梁，以竹条为支架直接插入塘埂四周泥土中，上覆网片，并用网绳拉紧固定。

26 南美白对虾设施大棚的搭建方法有哪几种？

南美白对虾设施大棚搭建方法，按大棚是否相连可分单跨大棚、连栋大棚 2 种；按框架有无及形状，可分为有框架大棚、无框架大棚、伞式钢索大棚等 3 种。有框架大棚一般有屋脊形和拱形两种搭建模式；无框架大棚，即简易的"人"字式钢丝网架大棚。

27 屋脊形大棚如何搭建？

屋脊形大棚，一般采用在池塘中间埋设一排间距为 5～8 米的预应力水泥杆立柱，高度因池深和池宽而定。然后，将镀锌钢管和元钢焊接成框架作为屋脊，用于连接地面和立柱。在池塘四周埋设绊线桩，用电力钢丝绳结成网眼 0.6 米×（1.0～1.5）米的长方形钢丝绳网架，将农用无滴膜拼接成整张的保温膜覆盖其上，再用网片和纵横绞丝绳覆盖固定。并将纵横钢丝绳及用于覆盖的网片、纵横绞丝绳两端均固定于大棚两侧的绊线桩，保温膜两端落地处则用装有碎石的地笼或沙袋压实。最后，在大棚两端山墙处设置进出口门，并在池塘四周开挖排水沟，用于收集排放雨水，避免雨水进入大棚内。

28 拱形大棚有哪些类型？

拱形大棚一般可分小池型和大池型两种类型。小池型常见于沿海地区南美白对虾的海水养殖，其又可分单跨拱形大棚和连栋拱形大棚两种模式，通常单池养殖面积为 1 334 米^2，甚至更小。大池型常见于内陆淡水地区南美白对虾的淡化养殖，一般是利用原淡化养殖池塘，新建安置包括大棚立柱独立基础、主体骨架、覆盖材料等基本配置。小池型和大池型两种类型除了面积差异外，通常小池型采用四周砌墙、上盖拱形棚顶方式；而大池型往往采用拱形棚直接落地方式。因小池型模式相对产量更高，效益更好，目前已为内陆淡水地区南美白对虾淡化养殖所借鉴应用。但小池型为高密度精养模式，其养殖技术和日常管理要求也更高，且设施投入和养殖成本也较高。

29 拱形大棚如何搭建？

南美白对虾淡化养殖的拱形大棚，以大池型模式为主。其中央立柱采用独立基础现浇，立柱与基础通过预埋件螺栓相连接。因池塘面积较大，拱形支架跨度较大的可设置边立柱；大棚主体骨架常为单弧拱形模式，主拱采用桁架式电焊模式，主体框架由上下弦管及连筋组成，与顶拉梁垂直；其钢丝绳网架安装、保温薄膜及网片和纵横绞丝绳的覆盖加固与"屋脊形"大棚的安置方法基本相同。

30 什么是单跨拱形大棚？

所谓单跨拱形大棚，就是每栋大棚只覆盖 1 口白对虾养殖池塘，其拱形支架上下弦采用 φ25 镀锌钢管，横梁采用 φ20 镀锌钢管，间距 1.2 米。拱形支架正中用 φ32 镀锌钢管支撑立于池底，两侧置于混凝土浇铸的立柱之上，整个大棚则置于两侧砖墙之上，砖墙高度以 1.6～2.0 米为宜，有利于在两侧和两端开建通风窗和进出口门。沿进出口门向池塘中间铺设作业过道 2～3 米，用于饲料投喂和日常养殖管理。

31 什么是拱形连栋大棚？

形象地说，所谓拱形连栋大棚就是几个大棚因养殖管理需要而连接在一起，每栋大棚之间用镀锌钢管作为拱形支架的支柱替代墙面，相互连通、相互借力，成为一个整体。大棚外围以混凝土立柱为支架支点，四周为砖墙，两面山墙中间留门，两侧则留通风窗。大棚内部池塘与池塘间隔 1 米，路面水泥硬化，用于养殖作业通道。因抗风面受重力的增加，其棚与棚之间的支柱采用 φ110 的镀锌钢管，拱形支架上弦、下弦、横梁采用的镀锌钢管管径也均应有所增加，并需在棚与棚之间连接处建设安装雨水收集槽，将雨水纳入排水管。

32 无框架大棚如何搭建？

无框架大棚，即"人"字式钢丝网架大棚，是南美白对虾淡化养殖中最为常见的大棚设施。其搭建时应在池塘中间埋设一排水泥桩＋镀锌钢管结构的中间立柱，池塘较宽的可设置边立柱，池塘狭窄的可将中间立柱置于 2 口池塘中间塘埂上，立柱的高度随棚高度而定；横梁选中间立柱同规格的镀锌管，可每1～2个立柱间隔设置1个，用于加固棚顶架构，但也可省略；池塘四周浇注锚固梁、并预留拉钩，用于钢丝绳、网绳的固定，或用木桩替代。棚面采用双层钢丝中间夹膜盖棚的方式，钢丝拉绳两端固定在锚固梁上，下方钢丝拉绳与顶梁垂直，间距30～35厘米，上方拉绳与顶梁平行，间距100～150厘米；薄膜铺设于上下钢丝绳之间，也可根据需要加盖网片或加拉网绳。

33 什么是南美白对虾伞架钢索保温大棚？

南美白对虾"伞架钢索保温大棚"（图1），是钢丝网大棚的"升级版"，为浙江宏野海产品有限公司的专利产品。其在2.7亩的方形圆角养殖池中央建一水泥立柱，立柱顶端安装伞盘体，由此发出的钢索上下两层呈辐射状伸向池塘四周地面上固定设置的拉环，形成伞状骨架。骨架间铺设塑料薄膜和防风夹网，并沿上骨架坡面铺设多道纬索，在立柱顶端安装可遮盖棚顶中心孔且可上下移动的顶盖，在下塘梯步一侧棚面开设门窗，整个养殖大棚如一把打开的大伞，故又称"伞式钢索大棚"。

图1　伞架钢索保温大棚

34 **伞架钢索保温大棚有什么独特的优点？**

与普通钢丝网架大棚相比，伞架钢索保温大棚相对遮蔽面积大，其曲面棚风阻力小，抗风能力强，相对成本低。并可通过设置在大棚顶部顶盖的升降和大棚下沿门窗的开闭，使外界凉空气从门窗进入，棚内热空气从棚顶通风口流出，实现大棚内空气的自动交换。从而促使大棚气温和池塘水温的下降，避免养殖水体升温过快、过高。

35 **南美白对虾养殖设施大棚搭建时应注意哪些事项？**

南美白对虾养殖设施大棚搭建时，重点应注意以下事项：一是钢丝绳必须用紧固夹扎紧，固定好，使钢丝拉绳和塑料薄膜连在一起，降低整张薄膜的张力；二是将塑料薄膜在池塘四周落地处压实、压紧，避免刮风时将薄膜吹起、吹破；三是搭建时注意不要将薄膜弄破，避免保温、避雨效果的降低，或在刮风时造成大棚进风翻顶。

36 **为什么要配备蓄水池？**

由于水源的水质易受外界因子的影响而发生变化，如暴雨或连续阴雨、持续高温和干旱等，都会引起水体中盐度、pH、溶解氧、氨氮、浮游生物等的改变，使得源水水质的稳定性遭受破坏，从而影响养殖用水的质量，给南美白对虾淡化养殖带来不利影响。因此，修建蓄水池存储足够的养殖用水，并通过沉淀、净化、消毒、调配等措施，有效改善水质的物理、化学、生物因子参数，降低病原微生物及病原体数量，使其达到南美白对虾需要的养殖池用水标准显得尤为重要。特别是采用循环水养殖的，蓄水池更成为必备设施。

37 **蓄水池内可放养鱼类吗？**

蓄水池是否放养鱼类，要视蓄水的方式和蓄水池的面积而定。对于面积不大的一级蓄水池，或蓄水消毒杀菌曝气后直接灌注养殖池塘的蓄水池，以不放养鱼类为宜；对于采用二级或二级以上的蓄水方式且面积较大的蓄水池，可放养少量滤食鱼类、贝类，也可适当种植水草等，有利于净化水质、保持水质清新稳定。此方式常见于采用内循环、养殖尾水零排放的养殖基地。

38 **蓄水池建设有什么要求？**

蓄水池必须建有较为完善的底排设施，能完全排干池水，保证池底无积水，以利每年的清污消毒。因此，与养殖池不同，蓄水池可采用全水泥硬化。蓄水池应设渠道或管道与泵站、养殖池相通，纳水出水方便高效。用水泵向养殖池供水，水泵的功率应与渠道或管道配套。为满足生产需要，蓄水池水容量通常为总养殖水体的 10% 以上。

39 **养殖尾水可以直接排入公共水域吗？**

不可以。虽然南美白对虾淡化养殖过程中通常采用有限水交换方式进行换水排水，但养殖过程中残饵、排泄物等的积累，导致池水富营养化，氨氮、亚硝酸盐偏高，如果直接排放，易加重公共水域的污染。特别是养殖后期及清塘排水，更会造成公共水域的污染。因此，必须对养殖尾水进行净化处理，符合《淡水池塘养殖水排放要求》（SC/T 9101）或各地相关具体要求后再排入公共水域。

40 为什么要进行养殖尾水处理？

随着我国水产养殖业的快速发展，水产养殖方式从传统粗放养殖模式向规模化、集约化转变，养殖尾水污染日益严重。进行养殖尾水处理，使之达标排放，有助于减少养殖面源污染，确保整体养殖区域生态环境安全，促进产业与环境的和谐发展，既是水产养殖业绿色发展的需要、南美白对虾产业转型升级的自身需求，也是广大南美白对虾养殖从业人员的社会责任。

41 养殖尾水处理重点是什么？

养殖过程中引起水质污染的物质主要有以下几种：有机物、氨氮、亚硝态氮等。通常，养殖尾水中的氮磷营养性成分、溶解性有机物、悬浮固体和病原体是处理的重点。

42 养殖尾水处理有哪些方法？

目前，处理养殖尾水的方法主要有物理、化学、生物等几种。具体而言，物理方法包括沉淀、机械过滤、泡沫分离技术、膜分离技术及其他如增氧曝气、活性炭过滤吸附等；化学方法包括臭氧氧化、絮凝剂沉淀等；生物方法包括移植水生植物吸附降解、投放藻类代谢降解、合理放养滤食性鱼类、施用微生物制剂分解吸收、构建人工湿地净化等。生物方法由于成本轻、适应性广，并具有节能减耗、生态环保等优点，当前得到较为广泛的研究和应用，具有很大的发展潜力。在实际应用中，通常采用多种方法综合应用模式。

43 南美白对虾养殖场的场内道路建设有什么要求？

南美白对虾养殖场的场内道路是货物进出和车辆交通通道，要求能够直接到达场内任一养殖池塘和蓄水池、尾水处理池，以及任何一处仓库和管理房用房。

南美白对虾养殖场的道路包括主干道、副干道、生产作业道等。主干道要求宽度在 5 米以上，采用水泥或柏油铺设路面，以保证饲料运输车辆、南美白对虾活水车等较大型车辆畅通出入；副干路要求宽度在 3 米以上，采用水泥或柏油或碎石铺设路面，以满足生产车辆通行；生产作业道要求宽度在 1.5 米以上，以满足作业通行需要。场内道路要贯通、无坑洼积水，道路两侧安装有路灯，以确保夜间操作、巡塘安全。

44 南美白对虾养殖场对场地有什么要求？

南美白对虾养殖场的场地，包括生产场地、生活办公场地、绿化场地等。生产区应留有一定面积的场地，以满足生产物资的堆放和生产作业的需要；办公区、生活区应配建一定比例的场地，以满足车辆停放、人员活动等需要。此外，南美白对虾养殖场还应具备一定的绿化场地，既可满足生产者的精神需求，改善养殖场的环境要求，又能体现出养殖场园林化、景观化的现代渔业发展方向，符合美丽乡村的建设要求。

45 什么是"三室一库"？

"三室一库"，是办公室、档案室、检测室和仓库的简称。"三室一库"的配备，既有利于养殖生产日常管理，又有利于水产品质量安全可追溯管理，是现代渔业园区建设内容之一，也是养殖业提升发展的基本要求之一，是养殖生产管理的必备设施。"三室一库"应具明显整洁的标式标牌。

46 办公室有什么要求？

办公室是日常决策、管理、接待的场所，应具备日常的办公设施和办公条件，包括必要的通信、文印、信息采集发送等设备，能及时与外界进行信息的交流和传递。

47 档案室有什么要求？

档案室要建立技术档案、财务档案、基建档案及实物标本、图像、录像、照片等，特别是要建立起完整的生产、销售和用药等"三项记录"档案，尽可能实行电脑化管理，并保存 2 年以上。

48 检测室有什么要求？

检测室应配备基本的化验、监测仪器设备，如生物显微镜、盐度计（或比重计）、水温计、溶解氧测定仪器、酸度计、透明度盘。有条件的养殖场，还可配置氨氮、总碱度、生化耗氧量等监测仪器，微生物培养设备，病原检测的染色液，试剂盒等，具备一般的水质化验和病害检测能力，有利于养殖过程中水质的分析调控、病害的监测防控。

49 仓库有什么要求？

仓库应建在生产区附近、场地开阔处，方便车辆出入和物品、器械设备装卸。库内保持清洁、卫生、通风、避雨，地面水泥硬化，具良好的防水、防潮、防火、防鼠设施。饲料、渔药与其他生产资料和生产工具应单独设库。饲料和药品应由专人负责管理，建立进库出库记录，并妥善保管。特别是药品仓库要做到日常关门上锁，严禁闲杂人员进入，防止误食误用等意外事故发生，避免造成人员或养殖南美白对虾的危害；为方便管理，防止受潮，药品应分门别类放置在药品架上。

50 怎样布局进排水系统？

养殖基地进排水系统，包括泵站和进排水渠道，是养殖生产的重要基础设施。养殖基地的泵站（取水口）应建在河流上游部位，排水口建在下游部位，防止养殖场排放水流入进水口，且泵站选址应尽量避开区域内其他养殖基地的尾水排放区域。进排水渠道应独立设置，且进水口与排水口应尽量远离。进水通常采用管道或渠道从池坝上沿进水，并紧贴池壁修导流槽，以免冲刷破坏堤坝。排水渠除考虑正常换水量需要外，还应考虑暴雨排洪及清塘排水的需要，渠底要低于各相应养殖池底 30 厘米以上，以适应养殖尾水排放、收集、净化处理的需要。注意新建虾场的排水口不得设在已建虾场的进水口或泵站附近，这是对虾养殖人员应有的基本素质和职业道德。

51 为什么要独立设置进排水渠道？

南美白对虾在养殖过程中，难免会发生疾病，需要通过施药并换水排水等方法来进行治疗。如果进排水合用同一渠道，就会因个别塘口发病换水排水，使得整个进排水渠道都带有病原体，在排水过程中使病原体因渠道渗漏进入其他池塘，或在进水过程中将留在渠道中的病原体带入其他正常养殖池塘，引起感染。因此，在南美白对虾养殖基础设施建设中，应考虑独立设置进排水渠道，避免在疾病流行发生阶段，成为疾病传播及交叉感染的"渠道"。

52 南美白对虾养殖增氧设备有哪些？

目前南美白对虾养殖生产中的增氧设备，主要有表层环流式增氧设备——增氧机、底层充气式增氧设备——纳米增氧设备。常用的增氧机又分为叶轮式增氧机、水车式增氧机、涌浪式增氧机等；纳米增氧设备常用的有纳米增氧盘或纳米增氧管道。

53 常用增氧机的作用有什么差别？

常用的增氧机分为叶轮式增氧机、水车式增氧机、涌浪式增氧机等三种（图 2）。其中，叶轮式增氧机是增氧机中的核心主力，具有增氧、搅水、曝气等综合作用，是目前使用最多、最广泛的增氧机，其增氧能力、动力效率均优于其他机型，增氧效果也最明显，但有运转噪声较大、机器附近池水翻滚大、全池增氧不均衡等不足；水车式增氧机，使用比较多，优点是增氧

A   B

C

图 2　常用增氧机
A. 叶轮式增氧机　B. 水车式增氧机　C. 涌浪式增氧机

效果较好，并能带动池水的流动，对全池水体溶氧的均衡和提高最佳，缺点是需要多台配合使用才能充分发挥其功效，一次性投资较大；涌浪式增氧机是近年来研制和推广的一种新型对虾养殖用增氧设备，其利用浮体叶轮中央提水并共振造浪向四周扩散，可提高阳光对水体的光照强度，从而促进藻类生长，有助于充分发挥和利用池塘的生态增氧能力，为叶轮式增氧机的更新换代设备。

54 **南美白对虾淡化养殖如何匹配增氧设备功率?**

南美白对虾淡化养殖中通常采用表层环流式增氧与底层充气式增氧相结合方式，以叶轮式增氧机或涌浪式增氧机为主，水车式增氧机和底部纳米增氧配套使用的方法，按每千瓦负荷 1～2 亩养殖池，或每千瓦负荷 500 千克南美白对虾进行配置，并结合水源水质、养殖密度适当增减。增氧机应正确安装使用，注意用电安全。

55 **南美白对虾养殖为什么要自备发电机设备?**

南美白对虾淡化养殖对溶氧的要求较高，特别是在高密度养殖的情况下，必须保证池塘水体溶氧量≥5 毫克/升，为此需要配置增氧设备进行增氧。但由于对虾养殖区域往往集中连片，养殖用电高峰期间有可能因电力供应不足，或遭遇台风、暴雨等恶劣天气，出现区域性电路故障或临时停电，无法正常起用增氧设备等，将给对虾养殖生产带来较大损失。此时，启动柴油发电机组作为应急发电，以保证增氧设备的正常使用，可有效确保对虾养殖溶氧量的需要，避免对虾缺氧而浮头、死亡。尤其是电力容量配置不足的对虾规模养殖场，更应自备发电机设备，以保障养殖生产的需求。

56 发电机的使用管理应注意些什么？

自备发电机虽然只是在应急情况下使用，但必须加强日常维护和保养，才能做到有备无患。同时，在使用时必须注意安置在通风、避雨、过路人和儿童无法触及的场所，周围严禁烟火。使用运行过程中要有专人负责看护，定时观察发电机电压和电流，随时注意油量消耗，加油应停机进行。

57 使用发电机时应注意些什么？

发电机启动使用前，要检查发电机各部位是否正常，特别是一些关键部件的连接有无松动、是否坚固，传动件、操作系统是否灵活；检查水、机油、燃油是否充足，燃油系统是否有透漏；检查电启动系统电路接线是否正确安全；排除燃油系统中的空气；检查绝缘电阻、接地线是否正常。发电机开启及关闭时，必须严格按照操作步骤进行。负载应在发电机启动运行 3～5 分钟后方可开启，并在关机前先停止负载，切断输出开关，空载运行 2～3 分钟。

二、虾苗的淡化培育

南美白对虾虾苗的淡化培育，通常是指把来自南方或沿海高盐度对虾育苗场，体长在 0.4～0.5 厘米的仔虾，在内陆养殖基地所在地或附近育苗场的室内培育池中，通过投喂丰年虫无节幼体、专用虾片及南美白对虾人工配合饲料（开口料），每天逐步加入淡水，降盐淡化培育 7～10 天，使虾苗体长达 0.8～1.0 厘米，成为适宜淡水或低盐度水体放养仔虾的过程。广义而言，虾苗淡化培育还包括养殖基地从育苗场直接购买高盐度虾苗，或购买低盐度淡化苗，通过加盐配水，逐渐加注新鲜淡水，进行大棚、小棚或大塘原池标粗培育，适应更低盐度和纯淡水养殖的过程。南美白对虾虾苗的淡化培育，是南美白对虾淡化养殖的基础。

58 为什么说虾苗的淡化培育是南美白对虾淡化养殖的基础？

南美白对虾虽然对盐度的适应能力很强，但其适应性具有明显的梯度性，并随盐度的降低而递减。即在高盐度环境中，所能承受的盐度变化范围较大，所需适应时间短；在低盐度环境下，所能承受的盐度变化范围较小，所需适应时间长。特别是在盐度 5 以下的环境中，南美白对虾仔虾 24 小时内所能忍受的盐度变化幅度仅为 1～2，否则就会因盐度降幅过大而死亡。因此，为使虾苗逐步适应淡水环境，必须经历降盐淡化培育阶段，为其淡水池塘放养和养殖奠定基础。

59 虾苗经历淡化培育对养殖生产有什么意义？

通过采用渐进的方法，使南美白对虾在其仔虾阶段经历多次逐步加注淡水、降盐、稳定的过程，即淡化培育过程，从而适应低盐度或纯淡水养殖环境。这样不但可以提高虾苗的规格和活动能力，更重要的是可以有效提升虾苗适应淡水地区的养殖环境条件，增强机体抗应急能力和免疫力，有利于下塘后虾苗的生长发育，减少病害发生。在日后的养殖过程中提高养殖成活率，也有利于更准确掌握养殖池塘中南美白对虾的数量，便于较精确地计算投饵量，做到合理投饵，提高饵料利用率，降低生产成本，提高经济效益。虾苗淡化培育的成功，为内陆地区开展南美白对虾的淡化养殖提供了可能。

60 南美白对虾育苗生产分几个阶段？

南美白对虾苗种育苗生产分无节幼体、溞状幼体、糠虾幼体、仔虾四个阶段。其中，无节幼体共又可分为 6 个时期，分别用 N1～N6 来表示；溞状幼体可分为 3 个时期，分别用 Z1～Z3 来表示；糠虾幼体也可分为 3 个时期，分别用 M1～M3 来表示；仔虾通常情况下每天蜕皮 1 次，分别用 P1、P2……P9、P10 来表示。由于四个幼体阶段的幼体在形态上存在很大差异，因而又叫变态蜕皮，是南美白对虾机体组织生长及营养物质积累到一定程度时生长发育的结果。

61 什么是小苗和大苗？

根据南美白对虾虾苗生长发育的进展，通常在生产上把 P4～P5 阶段、体长在 0.4～0.5 厘米的仔虾称为小苗；把 P8～P10 阶段、体长在 0.8～1.0 厘米的仔虾称为大苗。养殖生产购买的南美白对虾虾苗一般为大苗。

62　育苗场在什么时候进行南美白对虾苗种的淡化培育?

　　因气候原因,环杭州湾及附近地区南美白对虾室外池塘苗种放养时间通常为每年的 4 月中下旬至 7 月上旬。如今因大棚设施养殖的推广应用,一些养殖生产单位在 3 月初甚至 2 月中下旬,即开展设施大棚的加温养殖,放苗时间随之提前;或推迟到 8 月中下旬甚至 9 月初放苗,利用大棚的保温作用,开展反季节养殖。因此,目前该区域南美白对虾育苗场的淡化培育生产、供苗时间拓展为每年的 2—8 月。其他内陆淡化养殖均因根据当地气温、水温适宜时间,养殖设施条件、养殖场生产购苗计划,确定南美白对虾苗种淡化的培育时间。

63　虾苗淡化培育场选址有哪些基本要求?

　　虾苗淡化培育场选址要求地基坚实,阳光充足,交通运输便捷,电力供应充足,通讯网络畅通,淡水资源丰富,且水质要求清新、无污染,符合《渔业水域水质标准》,区域内南美白对虾养殖基地相对集中成片,苗种需求相对旺盛稳定。

64　虾苗淡化培育生产系统应具备哪些设施设备?

　　南美白对虾虾苗淡化培育生产系统,应具备供电系统(配备应急供电系统)、水处理系统(配置安装用于抽水、沉淀、消毒、曝气、过滤、输送、加热等的设施设备)、供气系统(主要配备底增氧设备)、育苗车间(培育池)、饵料车间(丰年虫孵化设施)、安全监测保障(检测化验室及用于水温、盐度、pH 等的测量工具)。完善的基础设施设备,是虾苗淡化培育数量和质量稳定性的必要保障。

65 南美白对虾淡化培育车间及培育池有什么要求？

南美白对虾淡化培育车间温室大小虽然依地理情况而定，但最好是长方形，单个温室面积不小于 600 米²。温室四周砖砌，并留有一定比例的通气口和通风口，温室顶部用黑白塑料薄膜、玻璃钢、帆布等遮盖，做到黑白相间，以调节光照强度，配套有充足的电力、加温、增氧、进排水等设备设施，并做到每个培育池独立操作。淡化培育池以长方形水泥池结构为佳，池壁顶面高于室内地面 70～80 厘米，池四角抹成弧形。单个白对虾淡化培育池面积以 20～30 米² 为宜，池深 1.2～1.5 米。

66 新建育苗池使用前应如何处理？

新建好的水泥育苗备用池，在使用前应用淡水充分浸泡，一般浸泡 5～10 次，每次 5～7 天，便可将水泥中的碱性物质及其他有害物质完全浸泡出来。每次浸泡到即将换水前，应对池壁进行充分的刷洗。并待池水排干后，用醋酸或稀盐酸对池底和池壁进行完全的刷洗，然后才再次加淡水进行浸泡。直至 pH 稳定在 8.5 以下时，最后用清水刷洗干净。待整池完全干燥后，在备用育苗池池壁和池底均匀涂刷上水产专用的涂料，方可成为育苗池。而光滑润泽的池壁和池底，也避免日后育苗过程中南美白对虾虾苗沿池壁四周游动或在池底匍匐潜行时擦伤死亡。

67 淡化培育前应做好哪几方面的准备工作？

南美白对虾淡化培育前，应着重做好以下几方面的准备工作：一是淡化培育所需设备设施的调试，包括进排水系统、充气曝气装置、加热装置、通风换气装置，乃至加热用锅炉、应急用发电设备、用于饵料生物培育的孵化桶等，做到有备无患；二是淡化培育工具及培育池消毒，力求细致入微；三是人工海水的配制和处理，务必与繁育场出苗池盐度一致；四是淡化育苗所需淡水的处理和储存，避免有害病菌、生物的带入；五是基础饵料生物的培养和人工饵料的准备，保证其新鲜充足适口。

68 **怎样对淡化工具及培育池进行消毒？**

苗种淡化培育前，需要对淡化培育池进行消毒处理，首先将淡化培育池注满水，按 20 毫克/升的浓度配制草酸液浸泡 20 天；然后用洗衣粉和稀释到 10% 浓度的盐酸，将池壁、池底、加温设备和增氧设备等清洗干净，再用清水冲洗；最后用 50 毫克/升的高锰酸钾，对整个淡化培育池再次进行消毒处理，消毒15～20 分钟后冲洗干净。为安全起见，可用草酸清洗，再用清水冲洗干净。经上述操作处理后，淡化培育池即可投入使用。同时，将培育工具用清水浸泡并洗刷干净，然后再用 50～100 毫克/升的漂白粉或 20～30 毫克/升的高锰酸钾浸泡洗刷，彻底消毒。

69 **怎么合理处理淡化育苗用水？**

淡化育苗用水虽不像前期育苗那样要求严格，但也有其一定的要求。淡化用淡水水质的好坏，直接影响淡化成活率的高低及苗种质量。必须注重处理，确保水质清新无污染，透明度高（40 厘米以上），pH 适中（7.8～8.5），溶解氧充足（6 毫克/升以上），并要求氨氮≤0.1 毫克/升、亚硝酸盐≤0.1 毫克/升、未离解硫化氢≤0.005 毫克/升。对放置时间较长的淡水，还应进行适当消毒，以杀灭病原体；注水入池时，用 120 目以上的尼龙网袋过滤。

70 **为什么要对淡化培育用水进行预处理？**

南美白对虾苗种淡化培育阶段的主要对象为体长 0.4～0.5

厘米的仔虾，即小苗。这个时期的仔虾尚处于不断变态阶段，其自净能力和免疫能力较差，极容易受到水体中悬浮物、病原体以及其他有害物质的侵害而导致死亡。因此，用于南美白对虾苗种淡化培育的水体，必须经过严格的沉淀、消毒、过滤等处理，去除有毒有害物质，以保证淡化培育用水的清洁无毒无害，符合育苗用水要求。

71 怎样对淡化培育用水进行预处理？

对淡化培育用水进行预处理，是预防疾病的重要环节。一般用 30 毫克/升的漂白粉注入沉淀消毒池即将用于淡化培育的水体进行消毒处理，并曝气 7 天以上。待水中余氯散尽后，经砂滤池过滤后注入蓄水池备用，且经使用前最终检测未发现余氯、氨氮、亚硝酸盐等含量超标后，方可注入淡化培育池。否则，需继续进行曝气或泼洒光合细菌等预处理。

72 怎样配制淡化培育池的初始注入水体水质？

在进苗的前天或当天上午，将处理后的淡水注入淡化池（水深 0.6 米左右）。然后，再用海水、盐卤、海水晶或食盐加氯化钾、硫酸镁、氯化镁、氯化钙等，把水调到与原仔虾出池相似的盐度，并按 3～5 克/米^2 浓度加入乙二胺四乙酸二钠盐（EDTA-Na_2）微量增氧，力求使淡化池的水质与原仔虾培育池（出苗池）的水质保持一致。需要特别注意的是，一定要待投入的盐充分溶解后才能进苗，并将水温调节到 25～28℃。

73 什么是 SPF 南美白对虾虾苗？

SPF（specific pathogen free）中文意义为"无特定病原"。SPF 南美白对虾虾苗，是指"不带有特定病原"的南美白对虾虾苗，但它允许携带非特定的病原。因此，SPF 南美白对虾虾苗是一种笼统的称谓，准确的说法应该指明是哪些特定的病原，并经 PCR 方法检测呈阴性，方可确定虾苗未携带有此类病原。SPF 虾苗绝不是南美白对虾虾苗高度健康的代名词，而仅仅只是表示在某种程度上具有安全保障而已。

74 SPF 虾苗就不发病吗？

SPF 虾苗并不意味着就一定抗病，更不意味着不会发病，它只是意味着虾苗没有携带某些特定的病原体，为淡化培育或养殖奠定了一个好的开始。如果大环境无法有效杜绝病源，SPF 虾苗充其量只可能代表比一般虾苗发病死亡的时间慢一点而已。所以要有效发挥 SPF 的作用，还必须所有养殖要素的同时配合改善。因此，购买放养 SPF 虾苗并不能保证其不发病，只有基地事先营造 SPF 的环境，养殖池塘做到有效隔绝与外界病原体的感染，然后再放养 SPF 虾苗，才能确保 SPF 虾苗不染病。

75 什么是优质苗和普通苗？

苗种是养殖的基础，苗种质量决定着对虾养殖的成败。通常，我们把直接从国外引进亲本或经育种培育具有稳定优异特性的亲本繁育而成的苗种称为一代苗，也称子一代苗；用子一代苗作为亲本繁育而成的苗种称为二代苗，也称子二代苗。依此类推，还有三代苗、四代苗。一般又常常把一代苗、二代苗都称之为优质苗；二代苗以上的苗种都称之为普通苗。四代苗以上的即为劣质苗或垃圾苗。现在有苗场把三代苗、四代苗都混淆视听地说成是二代苗，这是错误的。在实际养殖生产中，养殖生产者应选择优质苗，并尽可能选择一代苗。

76 优质虾苗有哪些特点？

从遗传因素考虑，作为优质虾苗的一代苗或二代苗，具有良好的抗病性，特别是具有无特定病原的优质虾苗。其发生因特定病原引发的疾病可能性极小，有助于提高淡化培育和养殖成活率。从个体特征来看，优质虾苗不但在育苗期间个体健壮活泼，体形细长，大小均匀，摄食活动能力强，个体规格大，而且在养殖过程中与普通苗相比较，明显呈现出生长速度快、成虾规格整齐、虾体色泽亮丽、易养殖成大规格成虾（20 只/千克左右）的特性。因此，虾苗质量的优劣，不但是淡化成活率高低的前提条件，也是今后养殖成活率高低、规格大小、产量高低的决定因素。

77 什么是虾苗淡化培育时的正确放苗方法？

虾苗到场前需与供苗场进行联系，掌握虾苗原培育生活水体的温度、盐度、pH 等理化指标，并提前做好调配工作，使两者理化指标基本一致，特别是盐度、pH。因一般淡化育苗池水温应达到 25～28℃时，方可放养虾苗，开展淡化培育。因此，虾苗运回育苗场后，需先将虾苗袋放进淡化培育池，待袋内外水温基本一致后，将淡化培育池池水缓慢溢入苗袋，然后再将虾苗放入培育池中。如有白苗，必须清除干净，以免影响淡化苗质量。虾苗下池后，应待其适应新环境 2～4 小时之后才开始投喂饵料。虾苗淡化培育密度一般为 8 万～10 万尾/米^3。

78 淡化过程中仔虾可承受多大的盐度变化范围？

尽管南美白对虾属广盐性虾类，但其仔虾对盐度的梯度变化很敏感。根据目前已有实践证明，仔虾在 20 以上的盐度范围里，能承受的盐度梯度变化范围可达 6～7；在 10～20 的盐度范围内，能承受的盐度梯度变化范围为 4～5；在 10 以下盐度范围内，能承受的盐度梯度变化范围为 3 以内；尤其是在苗池盐度 5 以下时，仔虾所能承受的盐度变化幅度为 1～2。因此，仔虾的淡化处理必须循序渐进，缓慢操作，将盐度的变化控制在安全范围之内。

79 虾苗淡化培育的步骤过程是怎样的？

来自南方或沿海对虾育苗场的虾苗放入注有配制海水、水位 70 厘米的培育池后，需待其稳定 36～48 小时后才可开始淡化。通常视虾苗的健壮程度，在第二天下午或第三天下午即可加注 20 厘米淡水，使育苗池水位达到 90 厘米，并在此后每天中午排水 30 厘米，在 14：00 起缓慢加注淡水 20 厘米。经 4～5 天淡化培育，盐度降为 3 时，即从第 7 天开始，每天中午排水 40 厘米，14：00 起缓慢加注同盐度，即盐度为 3 的盐水 40 厘米，直至出苗。期间保持培育池水位 90 厘米不变，且每次加注淡水时间需持续 10～12 小时，以避免虾苗应激损伤。淡水加注方法最好采用细水喷淋。

80 为什么南美白对虾育苗场淡化培育时间一般不超过 10 天？

在南美白对虾淡化培育过程中，育苗池放养密度较大，一般为 8 万～10 万尾/米³，有时甚至超过 10 万尾/米³。随着后期投喂量的增加，管理难度日益加大，稍有不慎就会死苗，造成较大损失。同时，随着虾苗个体的生长，水体空间相对密度不断增加，如果长期不出苗或出苗不及时，虾苗就会因密度过高而自相残杀，既影响虾苗成活率，降低出苗率，也会影响到虾苗质量。所以，南美白对虾育苗场淡化培育时间一般以 7～10 天为宜，虾苗淡化到位后，应在短期内及时出池。

81 为什么淡化育苗场一般只淡化到盐度3？

南美白对虾虽然在仔虾阶段已具备了较强的渗透压调节机能，能适应淡水生长环境，但其在无盐度淡水水体中的摄食、活动能力和生长情况等均比在低盐度水体中差。如果育苗场在最后3天内将盐度从3淡化到零盐度，此时仔虾苗虽未出现异常现象和不适反应，仍然维持较高的成活率，但给后期的淡化养殖却留下了质量隐患，会使南美白对虾在淡化养殖阶段出现成活率不高现象。但是，如果育苗场淡化培育时间超过10天，甚至更长，又会影响虾苗质量和成活率。因此，一般育苗场只淡化到盐度3，而由养殖场通过维持3低盐度养殖20～30天及其后的逐渐加水换水，实现最终淡化并养成。

82 出苗时育苗池盐度较淡化养殖池高怎么办？

由于一般南美白对虾淡化育苗场出苗时的池水盐度为3，并不能达到纯淡水程度，这时，淡化养殖场就需要添加适量的海水、浓缩海水、食盐或其他盐类、打井抽地下咸水等，来调节提高养殖池或标粗池的水体盐度，使其与育苗池水体盐度近似或一致，以降低虾苗发生应激反应的可能。当虾苗经数周适应新的水环境后，即可通过先不排水只加水，后既排水又加水的过程，逐渐加注经处理后的新鲜淡水，使池水盐度降至与当地淡水水源水盐度相同，实现淡化养殖。因养殖池水盐度与育苗池水盐度不一致，对虾苗的成活率会有极大的影响。所以，调节盐度时必须注意使添加的盐水和池水充分混合，确保盐度稳定在所需要的度数。

83 虾苗淡化培育中使用的动物饵料有哪些？

虾苗在淡化培育中使用的动物饵料通常采用组合料，常用的有轮虫与卤虫幼体、微粒饵料与卤虫幼体、蛋黄与卤虫幼体等三类组合。有条件的规模场，如环杭州湾及附近淡水地区虾苗淡化培育场，通常采用以丰年虫无节幼体作为主要的活体饵料，以增强虾苗体质。

84　如何进行基础饵料生物的淡化培育？

动物性饵料含有丰富的蛋白质及虾苗生长发育所必需的氨基酸，动物性饵料供应充足，可促进虾苗的生长发育，提高变态成活率。因而在淡化过程中，应注重投喂卤虫无节幼体及成虫，保证虾苗营养的全面性。利用温室淡化，可提前施用生物肥和生物制剂培养基础饵料生物，使水呈黄绿色或茶褐色，池水透明度为 25～35 厘米；如条件不允许，可直接投放新鲜轮虫作为生物饵料，并在放苗前每亩泼洒 2 千克虾片，为虾苗提供饵料。

85　为什么说丰年虫是南美白对虾淡化培育的最好活性饵料？

丰年虫（fairyshrimp），又称丰年虾、盐水虾、卤虫、盐虫子等。属节肢动物门、甲壳亚门、甲壳纲、鳃足亚纲、无甲目、丰年虫科、丰年虫属。丰年虫的前期幼体（无节幼体），在孵化的 1～2 天内，其卵黄含有较多的蛋白质、脂肪（蛋白质约含 60%、脂肪约含 20%）以及不饱和脂肪酸等，是对虾幼体的良好饵料，其成虫也是对虾的良好饲料。

86　丰年虫培养操作流程包括哪几个方面？

丰年虫培养操作流程包括以下五个方面：一是优质虫卵的选择；二是选择适宜的孵化器具；三是正确的丰年虫卵消毒方法；

四是丰年虫卵的孵化；五是丰年虫的收集。

87 决定丰年虫无节幼体成活率的关键是什么？

影响丰年虫无节幼体孵化率、成活率的影响因子有许多，其中，丰年虫虫卵的质量对孵化成活率有着重要的影响，而且在很大程度上决定了孵出的丰年虫幼体的活力情况。其次，丰年虫无节幼体的孵化率、成活率，主要受温度、盐度、pH、光照的影响。此外，丰年虫无节幼体的收集方法、速度也很关键，特别是在丰年虫无节幼体活力较差的情况下，将丰年虫无节幼体与丰年虫卵壳、死卵的分离速度要快，否则在收集的初期就会有很高的死亡率。

88 怎样鉴别丰年虫虫卵的优劣？

现用于孵化用的丰年虫虫卵一般采用干卵，以虫卵颗粒大小均匀、颜色一致、干燥度高、分散度好为佳。镜检虫卵应呈凹陷性乒乓球状，无破损或破损率低，圆形卵多为湿卵或空卵。有必要时，取少量虫卵于玻片上放置在火焰上炙烤，优质的虫卵在加热过程中会产生 1 滴小水滴，观察水滴数与虫卵数是否一致，以此确定含卵的高低。此外，在适宜的条件下，优质虫卵的出膜期一般在 24 小时以内，超过 24 小时出膜期的虫卵一般为陈卵。出膜期越长，说明虫卵质量越差。

89 哪种孵化器更适宜丰年虫虫卵的孵化？

丰年虫虫卵的孵化培养设施（图 3），由孵化器和控温、供氧系统组成。孵化器通常为塑料桶或玻璃钢桶，一般容积为 1.5～2.0 米³，呈圆形桶状，底部呈漏斗形，并在孵化器底部设置有出水阀门，便于排污及收集丰年虫无节幼体。在实际生产中也有用水泥池孵化的，一般孵化池容积为 $5 \sim 10$ 米³，池底成锅底状，但操作控制不如桶形便捷，因此较少采纳。

图 3　丰年虫虫卵孵化设施

90　**如何配备生物饵料孵化器具的规模？**

要想培育出健康的优质苗种，必须具有充足的丰年虫无节幼体，为此，淡化培育场必须配置足够的卤虫孵化器具。通常，育苗池与丰年虫卵孵化桶两者的体积比为（$50 \sim 100$）：1。

91　**如何做好孵化器具的消毒工作？**

做好消毒病防工作是虾苗培育中重要的环节，它既包括培育池、培育水体及育苗工具的消毒，也包括与之配套的孵化器具、设备及投喂品的消毒等。因此，做好孵化器具的消毒工作同样关系到育苗的成败，必须高度重视。先用刷子和清水清洗孵化器具，包括孵化桶和充气管、加热管等，再用甲醛溶液（20毫克/升）或高锰酸钾溶液（30毫克/升左右）消毒器具，静待 1～2 小时之后，用清水冲洗掉消毒液，直至无异味为止。

92 如何做好丰年虫虫卵的消毒工作？

除罐装的品牌产品外，其他如桶装的、散装的丰年虫虫卵都必须先消毒、后孵化。即在孵化前先将丰年虫卵放入 120 目的网袋中，用自来水清洗除去杂质，然后随袋放入浓度为 500 毫克/升的漂白粉溶液中浸泡 5～6 小时。这样既可以杀死依附在丰年虫虫卵外膜上的有害菌及寄生虫，又可以加快丰年虫虫卵开裂，加速丰年虫无节幼体出膜，缩短孵化时间，增加饲料相对供给量。

93 丰年虫虫卵怎样孵化？

将孵化桶中注满消毒后的人工海水，加入碳酸氢钠，将人工配制海水的 pH 调节到 8.0～9.0，放入气石，充分曝气。然后，放入经消毒后的虫卵即进入孵化阶段。在孵化过程中，可不定时地用透明吸管吸取孵化桶表层的少量海水，将吸管的玻璃管壁对着灯光查看丰年虫与虫卵的分离情况，当绝大部分丰年虫与虫卵分离后（此刻表层基本是空的虫卵壳，而沉在底部灰黑色的卵为死卵），就可对丰年虫进行收集。通常，丰年虫虫卵经过 24～30 小时的直接卵化，就可发育成无节幼体。

94 丰年虫虫卵孵化应满足什么条件？

丰年虫虫卵需要在适宜的密度、盐度、水温、溶解氧、pH 和光照强度下方可孵化成功。一般应满足的孵化条件为：孵化密度以 2～3 克/米³ 为佳；盐度通常为 28～30，超过 30 则孵化率偏低；水温以 25～30℃ 为宜，小于 7℃ 或高于 45℃ 则不能孵化；

尽管丰年虫能耐 1 毫克/升的低氧，但高溶解氧可以加速孵化，因此，溶解氧以大于 3 毫克/升较佳；碱性条件通常有利于激活孵化酶，因此，丰年虫虫卵孵化 pH 以 8.0～9.0 为佳；光照度则以 1 000～2 000 勒克斯为佳。若温室内光线较差，可在每个孵化桶上方安置 2 盏 30～40 瓦的日光灯予以满足。人工配制海水时，可加入 1 克/升的碳酸氢钠溶液（商品丰年虫虫卵罐中均带有 1 包粉末状的碳酸氢钠）或 65 毫克/升的石灰水溶液来调节 pH。

95 如何正确收集丰年虫幼体？

经过 24～30 小时的孵化后，就可利用丰年虫幼虫的趋光性，将蜕壳出膜后的幼体收集投喂。收集时先用黑色的塑料布盖住孵化桶，抽离气石，静止 10 分钟左右，将收虫网袋套在孵化桶底部排水管口，打开排水阀门，进行丰年虫收集。在收集过程中，注意不断用手左右轻轻摇晃收虫网袋，以免虫体堵塞网孔，阻碍水分的排出。当桶中水面高度降低到 1/3 位置时，可用手在排水口处接少量水，查看水体中丰年虫的情况。如丰年虫已经很少，可停止收集。将收集完毕的丰年虫在淡水下冲洗 10 秒，然后倒入预先准备的桶中，加满海水，并加浓度为 1 毫克/升的聚维酮碘进行消毒。将桶盖上黑色塑料布进行遮光处理，静置 5 分钟后撤去塑料布，将表层的虫卵除去。然后取上层富含丰年虫幼体的海水，将最底层的死卵丢弃，就得到高质量的虾苗动物性饵料。

96 虾苗淡化培育投饲管理技术包括哪些方面？

强化虾苗淡化培育期的投饲管理，是淡化培育成功的关键。故必须掌握以下三方面的投饲管理技术：一是饲料选择技术；二是饲料投喂技术；三是饲料投喂量掌控技术。

97 虾苗淡化培育期间如何识别优质饲料？

目前，市场上流通的丰年虫无节幼体、专用的虾片及对虾开口料等产品较多，鉴别丰年虫无节幼体、专用的对虾开口料比较困难，但虾片可以用均匀性、粉尘率、有无霉变、气味、营养成分、水中悬浮性、水相活度等方面来加以区分。高质量的淡化标粗专用虾片饲料，应具有色泽均匀、无霉变、含粉率低、鱼腥味较浓且长久但不刺激、厚度在 0.2 毫米左右、蛋白质含量不低于 48%、脂肪含量不低于 8%、在水中的悬浮性好、不破坏水质的特点。

98 虾苗淡化培育期间如何阶段性选择饲料？

虾苗下池后，前期应以丰年虫无节幼体投喂为主；中后期除了投喂丰年虫无节幼体外，还要间隔投喂高蛋白的虾片、车元或酵母、对虾开口料，为虾苗提供粗蛋白和粗纤维，促进肠道的消化吸收。

99 虾苗淡化培育期间如何投饲？

在虾苗淡化培育阶段，依据虾苗的大小投喂相应型号的饲料。饲料直径的大小依靠纱网网目大小而决定，选择相应网目的纱网对饵料进行搓揉、过滤。丰年虫无节幼体经孵化后直接投喂；虾片饲料置于 60~80 目的尼龙筛绢袋中，放在桶里加水用手捏挤，使饲料全部溶化于水中，然后将其均匀泼洒投喂。在投喂过程中，饲料泼洒要均匀，最好将饲料泼洒到微孔增氧的气泡上，以便饲料快速均匀地扩散开来。饲料应现配现投，不能留置时间过久，以防变质。投喂应坚持量少勤投原则，每百万尾虾苗每次投喂 20~30 克，每天投喂 4~6 次。并根据虾苗密度高低、规格大小、吃食及水质等情况灵活掌握，适当增减。

100 **如何掌控培育期的投喂量？**

投喂量应依据南美白对虾的大小、数量、水质、天气、水温等综合因素而定，同时，要经常检查虾苗吃食情况，及时调整投饵量。原则上是少量多餐，日投喂 6 次，每次投喂间隔时间为 4 小时。日投喂量一般以 15～20 克/万尾为宜，并根据虾苗密度、规格大小、水质等情况灵活掌握。

101 **怎样合理控制育苗温度？**

育苗温度的高低，不但影响出苗率，更影响着今后对虾养殖成活率。为了保证育苗成活率和苗种质量，应注意温度的控制。一般虾苗入淡化育苗池时，池水温度应调节到与苗袋温度基本一致即可（25℃左右）。在稳定 4～5 小时后方可开始加温，将温度逐渐提高到 27～28℃。注意在淡化培育期间保持温度的稳定，防止温度突变造成的应激反应。出池前 3 天开始降温，出苗时将温度调节到与养殖池塘自然温度一致，并保持 12 小时，严防温差过大。

102 **什么是高温育苗和高温苗？**

南美白对虾育苗的适宜温度为 25～30℃。高温育苗，指的是一些不良苗场在对虾淡化培育期间，将育苗水温始终保持在 32℃以上的育苗方法；用此方法培育出的对虾苗，称之为高温苗。

103 **高温育苗有什么危害？**

对虾育苗应在最适的生长环境因子下进行。高温育苗，虽然缩短了对虾幼体发育变态的周期，加快了对虾幼体生长速度，减少了育苗的风险性，但拔苗助长式的生长，会使对虾幼体因前期积累不够，营养跟不上，造成免疫力下降，从而为稳定育苗成活率又不得不使用大剂量抗生素以保苗，这样就极易造成应激反应，进而使得虾苗体弱易感染病症，不利于后续养殖，是非健康苗种的培育方式。因此，为提高对虾苗种免疫力，保证对虾苗种质量，对虾淡化育苗场应自觉承担起社会责任，严禁高温育苗。

104 淡化培育池充气的主要目的是什么？

充气是高密度育苗的必需条件，其积极意义在于：一是能够保证水体中充足的溶解氧含量；二是可以使池水对流而充分混合，以保证幼体和饲料的均匀分布；三是可以使幼体在上浮游动时减少能量的消耗，有利于其变态发育；四是促进水体对流，保证加热升温均匀。充气量的调节，主要根据苗种各期大小、摄食活动能力强弱、饲料投喂多少等因素，从幼体到仔虾逐渐增大，水面由微波状渐变为沸腾状。

105 怎样做好虾苗淡化培育期间水质监测及虾苗生长情况测定？

在整个淡化培育过程中，必须进行水质监测和虾苗生长情况测定。具体的做法是，每次投食 1.5 小时后，对虾苗的游动、摄食等进行检查，并用显微镜观察虾苗体表是否有杂物附着或寄生虫等；每半小时测记水温 1 次，每天测量 pH、溶解氧、氨氮等 2 次以上；每次换水前后测量盐度。根据监测结果，确定适当的管理措施，采取合理的调节措施，保证虾苗的正常生长发育，防止事故发生。

106 **如何防止虾苗的相互残杀？**

因虾苗具有趋光性，若长时间受强光直射，虾苗会集中在一起，容易引起相互残杀。因此，生产中要注意控制室内光线，白天室内光线较强时，要在淡化池上搭好遮阳网，晚上喂完饲料后应立即关灯，防止因局部虾苗密度过大而互相残杀。

107 **育苗过程中怎样掌握换水时机？**

在对虾育苗过程中，要树立辩证的水质管理观点，以稳定水质为首要，选择在水质尚属优良期进行适量换水。这是因为水质变坏，是各种潜伏的有害因子积累到一定程度，由量变到质变所引发的。这时换水，极易造成水质突变，细菌大量繁殖。换水量越大，水质越易多变，应激反应频繁，对育苗越不利。因此，要掌握适宜的换水时机，适量换水。

108 **培育期间怎样调节 pH？**

淡化池 pH 与养殖池 pH 是否接近，是影响虾苗放养成活率的重要因素。实践证明，两者相差过大（超过 0.3），就会严重影响虾苗成活率。因而淡化过程中应注意 pH 的稳定和调节，一般在虾苗出池前 3 天，根据测量情况采取泼洒酸性物质或生石灰的方法，来降低或升高 pH，使淡化池与养殖池 pH 基本一致，具体使用量要根据 pH 情况灵活掌握。

109 **育苗期间怎样正确使用药物预防病害？**

"是药三分毒"，任何药物都具有一定的毒性或副作用。特别是有些药物如抗生素，经常使用可使病原产生抗药性，并污染水体环境。因此，不能有病就用药，而应在正确诊断的基础上对症下药，并按规定的剂量和疗程，选用疗效好、毒副作用小、易于降解的药物，杜绝违禁药物的使用。如使用双季铵盐络合碘0.5～1.0毫克/升，控制细菌、病毒等病害；使用中药五倍子1～2毫克/升或穿心莲 2～4 毫克/升等，防治厌食症；使用0.3～0.5毫克/升的高锰酸钾，提高水体氧化电位，改良水质环境，抑制病原发生，促进蜕皮生长发育。

110 虾苗的微观鉴别包括哪些方面？

虾苗的微观鉴别包括三个方面：一是检查虾苗体表是否有纤毛虫等寄生物或甲壳是否受伤；二是检查虾苗肠胃是否饱满，即是否有食物，以及是否有收缩力，健康的虾苗应该是肠道饱满，呈橙红或黑色（与淡化培育投喂的饵料有关）且收缩力强；三是检查虾苗肝胰腺是否有萎缩现象。如发现肝胰腺有萎缩或发白现象，则应淘汰该虾苗。

111 育苗期间怎样开展虾苗病原微生物的检测？

虾苗病原微生物的检测，包括细菌检测和病毒检测。细菌检测一般采用平板培养基培养法，具体有两种：一是接种对虾苗的血淋巴和肝胰腺，在无菌试验室内选择特定培养基进行接种培养，一般 8～12 小时，观察是否携带特定病原菌，如弧菌、假单胞菌、黄杆菌、气单胞菌等；二是接种对虾苗室的养殖用水，检测是否携带特定的病原菌。病毒的检测一般采用 PCR 法。

112 判断健康虾苗通常采用的方法有哪些？

淡化培育阶段结束前，对待售的虾苗进行健康判断，是售苗购苗必须进行的操作试验。通常采用外观判断、试水试验、抗离水试验、抗盐度应激测试、冷温选苗等 5 种方法，来判断虾苗是否健康。

113 怎样从外观来判断是否属健康虾苗？

判断虾苗是否健康，最简单直观、最常用的方法就是外观判断。将少量虾苗放入带水的白色瓷盘、透明玻璃杯或水瓢中，仔细观察虾苗的体形特征、摄食情况、活动能力等。如果虾苗体长在 0.8 厘米以上，且健壮活泼，肌肉结实，弹跳能力强，大小均匀，规格整齐，肢足完整，体节细长，体表干净，肠胃饱满充满食物，对外界刺激反应灵敏，游泳时有明显的方向性、身躯透明度大、全身无病灶，即表明为健康虾苗。

114 怎样进行虾苗的试水试验？

虾苗购买或放养前进行试水试验，既可判断虾苗是否健康，又有利于判断是否适合池塘放养。试水试验通常在准备购苗放养前 2 天进行，带上养殖场准备放养虾苗的池塘水 1 千克到意向购苗的淡化育苗场，同样取育苗场里准备购买虾苗的那口培育池水 1 千克，并取准备购买的虾苗 40 尾，各分一半（20 尾）放入装有上述池塘水和培育池水的敞口容器中，进行对比试养 12 小时以上。若两者间虾苗成活、活动情况无差别，说明养殖池塘水适合放苗；或将装有虾苗和池塘水的容器带回养殖场，并换成大容器，增加池塘水的量，继续观察虾苗成活情况，若 2 天后成活率在 90％以上，说明养殖池塘水合适，可以放苗。否则应查明原因，待试水正常后才可放苗入养殖池塘。

115 什么是抗离水试验？

抗离水试验，就是从虾苗培育池内随意取出数尾虾苗，用拧干的湿毛巾包埋，10 分钟后再放入盛有原池水的容器内，观察虾苗的存活情况，以此来判断虾苗是否健康。原则上虾苗应全部存活，无死苗现象。

116 怎样进行虾苗的抗盐度应激测试？

虾苗的抗盐度应激测试操作，就是取若干即将完成淡化培育的虾苗，迅速放入到盛有纯淡水的容器中，15 分钟后再将其移入装有原来培育池水的容器中，即从低盐度到淡水、再回低盐度的操作，以此来观察虾苗对盐度的抗应激反应能力。如果在 15 分钟内，虾苗能恢复正常，且具有高成活率，则认可虾苗就是健康苗种。

117 什么是冷温选苗法？

冷温选苗，就是将虾苗放在 3～4℃冷水中 20 秒后，立即回置于育苗池水中。30 分钟后成活率超过 90％的虾苗即为健康虾苗，可以放养。

118 选择什么时间出苗较为合适？

选择好淡化虾苗、完成试水后，就需要考虑出苗最佳时间。出苗时间最好选择在早上五点以后比较合适。具体出苗时间应依照当地气候、淡化苗场到养殖基地的距离等确定。建议夏天在早上出苗，上午完成放苗；也可在傍晚进行，以免正午或下午气温过高、阳光过于强烈，对虾苗运输和放苗造成不利影响。出苗前最后一餐不再投饵，以避免虾苗在运输过程中排出粪便过多，污染苗袋水质，造成虾苗死亡。

119 虾苗的运输方式有哪些？

虾苗运输可采用陆运、水运和空运。一般运输时间在 8～10

小时以内的，以陆运为主。从沿海对虾繁育场到内陆淡化培育场，因距离较远而常采用空运。从机场或当地淡化育苗场到养殖场，一般视交通环境和养殖场情况，采用陆运或水运，以陆运最为常见。虾苗运输采用的包装方式，主要为特制的聚乙烯薄膜双层袋（俗称氧气袋）加水、装苗、充氧、打包等。

120 怎样进行虾苗塑料袋包装运输？

塑料袋充氧包装，是水产苗种运输最常用的方法。虾苗运输通常采用特制的双层薄膜袋，每袋装出苗池池水 3 千克，然后装入虾苗，再充入纯氧打包，总容量为 30 升。如果是空运或长途运输，则需将虾苗包装袋放入泡沫箱，箱内放入适量冰袋控温，并用胶布封扎泡沫箱箱口，确保运输途中的水温变化。同时，还应提前掌握好天气信息，做好运输交通工具衔接，尽量减少运输时间。短途，从淡化育苗场到养殖场可以只打包不装箱，但途中要注意遮阴。运输车辆最好选用性能好、速度快的密封保温车。

121 影响虾苗运输成活率的因素有哪些？

运输虾苗最重要的是保证成活率。一般 P4～P5 的小苗运输成活率要求在 90％以上；而从淡化育苗场出来的 P8～P10 的虾苗，要求成活率在 98％以上。影响成活率的主要因素，有氧气袋中的虾苗密度和水温、水中的溶氧量等。其中，运输途中水体的溶解氧是否满足虾苗的需要量是最为关键的因素，而这又与虾苗的密度有密切的关系。因此，把握好虾苗装运的密度，是运输虾苗成败的关键。

122 虾苗塑料袋包装运输的密度控制在多少比较适宜？

一般根据南美白对虾的苗种规格，来确定薄膜袋充氧装运的密度。体长 0.4～0.5 厘米的盐水苗，即 P4～P5 的小苗，控制在 50 000 尾/袋左右；体长 0.8～1.0 厘米的淡化苗，即 P8～P10 的大苗，控制在 5 000～10 000 尾/袋。具体应根据虾苗规格大小、运输时间长短和水温高低而调整。如果路途远，气温高，虾苗规格大，虾苗装运数量就应少一些；反之，则可以多一些。

123 **虾苗运输过程中如何保证成活率？**

运输过程尽量维持较适宜的条件，防止虾苗活力减退。可以采取降温措施，抑制虾苗的代谢，减少活动量，降低水中溶解氧的消耗。沿海地区的虾苗运输，多采取控温运苗法，即将运输虾苗的水温控制在 24～26℃。当气温、水温较高时，采用安放冰块来调节温度；或者采用冷藏车、空调车来运输虾苗，效果更好、更安全。用冰块来调节水温时，要用不漏水的胶袋包住，放置在包装袋周边，绝不可直接将冰块放入水中。运输要尽量选风和日丽、气温不高于 28℃ 的天气。

124 **虾苗养成放养应注意什么？**

虾苗放养是南美白对虾淡化养殖的第一步，也是关键的步骤之一。首先要确保淡化养殖池塘水体的盐度与育苗场出苗时育苗池水体的盐度一致，水位保持 100 厘米为宜。如果育苗池水盐度高于养殖池水盐度，则需经历先加盐、再降盐的过程；为减少虾苗的应激反应，需根据养殖池与育苗池的温差情况，将装有虾苗的氧气袋漂浮于养殖池水面 20～30 分钟，并轻轻翻滚袋子或用勺子将池水均匀地浇淋袋子，待袋内外水温一致后，打开虾苗袋口，向袋内缓缓加入池水直至水满外溢，再慢慢地将虾苗倒入养殖水体中；放苗时间最好安排在清晨或傍晚，避免中午高温及大风、暴雨天放苗，放苗地点应选在池水较深的上风处。

125 什么是南美白对虾虾苗的标粗？

南美白对虾虾苗的标粗，一般指将来自淡化培育苗场的虾苗，在淡化养殖投放到养成池前，采用高密度集中培育的方式，使其进一步生长至3～5厘米大规格虾苗的过程。虾苗的标粗培育，既可在养成大池中用泥土拦建小培育池，也可用80目以上筛绢围成一个培育池，待虾苗长至3厘米以上，逐渐提高养成池水位并漫过小培育池，或撤去围栏筛绢，让虾苗自行游入大池；或根据养殖场总虾苗需求量，安排若干个单独池塘作为虾苗集中培育池，进行强化培育，待虾苗长至3厘米以上，分养至各养成池；有条件者也可自建水泥培育池，进行虾苗的集中培育标粗。南美白对虾虾苗的标粗，可根据季节、气温、水温等实际情况，选择在大棚、小棚、大棚套小棚内进行，也可在室外池塘展开。

126 南美白对虾虾苗标粗有什么作用？

经过养殖场自己中间培育标粗的南美白对虾虾苗，其更适应养殖场环境，放养后成活率高而稳定，因而便于日后估算存塘数量及精准投饵，减少饲料用量，节本增效。可利用标粗时段，加强养成池中的饵料生物培育，使饵料生物有充分的繁殖时间、生长时间，从而增强培养饵料生物的效果。更可缩短南美白对虾在养成池的养殖期，减少养成池有害物质积累的时间和数量，降低养殖风险，有利于养成期南美白对虾的生长。此外，缩短养成池使用时间，提高养成池的周转率，对南美白对虾多茬养殖十分有利。而且，一旦在标粗过程中发现虾苗感染影响日后养殖生产和产量的疾病需要排塘操作时，只需对标粗池清塘消毒，不会影响众多养成池的使用，波及的范围小，处理成本低。

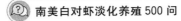

127 怎样保证大棚虾苗标粗与室外大池养成相衔接？

利用大棚虾苗标粗与室外大池养成有机衔接，可先期在大棚通过强化培育获得大规格虾苗，待水温符合条件即可及时开展室外大池养成。通常在 4 月中上旬，室外池塘水温不到 20℃，尚不能放养南美白对虾虾苗。此时，可利用大棚设施，提前放苗强化培育，待虾苗长到 3～5 厘米、室外养殖池水温保持在 20℃以上时，采用拖网换池的方法，将大规格虾苗投放到室外养殖大池中，开展养成作业。与常规室外池塘养殖相比，其借助大棚标粗在同样的放苗时间，却提前获得了大规格虾苗，为提前上市或养殖大规格商品虾奠定了基础，有利于实现产量和效益的双重提升。

128 淡化养殖虾苗的放养密度是多少？

淡化养殖虾苗的放养密度，与养殖池塘条件、配套设施装备、养殖模式及养殖者管理技术水平等有关，切不可盲目追求高产量而高密度放养。通常，室外池塘淡化养殖密度为 3 万～5 万尾/亩，大棚养殖密度为 5 万～7 万尾/亩，水泥池温室大棚精养为 6 万～10 万尾/亩。

三、淡化养殖日常管理

南美白对虾养殖日常管理从广义上说，包括从苗种放养到商品捕捞的与养殖生产活动有关的所有日常性管理工作和制度建设，包括巡塘检查管理、料台检查管理、饲料投喂管理、环境水质管理、生产设备管理、日常监测管理、病害防治管理、库房及办公场所管理、养殖档案管理等。既包括南美白对虾苗种放养后的产品养殖过程，也包括南美白对虾苗种放养前的准备工作和养殖产品收获后的有关工作。从狭义上说，则通常指除饲料投喂管理、环境水质管理、病害防治管理等之外的其他养殖生产日常性事务管理。

129 加强南美白对虾养殖日常管理有什么意义？

由于南美白对虾养殖日常管理涵盖了与养殖生产活动有关的所有日常性管理工作和制度建立，因此，养殖日常管理是制约南美白对虾生产的综合因素。加强养殖日常管理，注重将"养重于防、防重于治"的养殖理念贯穿于养殖全过程，既要重视产品养殖过程中的工作管理，也要重视养殖前期的基础性准备工作和产品收获后的有关工作，如养殖池塘的准备、养殖尾水的处理、机械设备的保养收藏等，更要重视与养殖生产活动相关的制度建设及其贯彻执行，是确保养殖成活率、保证产品安全、取得养殖收益最大化的保障。

130 什么是巡塘检查管理？

巡塘检查管理，简单地说就是每天通过巡视，观察养殖池塘的内外情况，对影响养殖生产及其产品的各种因素进行综合判断，及时采取相应措施，确保养殖生产活动顺利进行，是养殖日常管理的重要环节。

131 为什么要坚持每天巡塘检查？

坚持每天巡塘检查，是了解南美白对虾生长情况最直接和最有效的管理手段之一，也是发现问题及时应对解决的重要途径。有利于防微杜渐，排除隐患，确保养殖生产的顺利开展，也是提高养殖经验、防范或减少养殖风险，取得养殖生产成功的决定因素之一。

132 每天巡塘几次为宜？

俗话说："种田人不离田头，养虾人不离塘口。"由于一天中气候变化、对虾活动情况、水质变异及其他养殖影响因素均在不断变化中，因此，每天的巡塘次数最好不少于 4 次，分别在黎明、午后、傍晚、午夜各巡塘 1 次，这是养虾人员一项重要的日常工作。

133 巡塘观察的主要内容有哪些？

巡塘主要从四个方面着手，概括为"四看"。一看天，察看天气情况，预测天气变化，推断其对生产的影响，做出防范措施，减轻天气变化（如阴天、雾天、暴雨、大风、烈日等）对池虾、池水的影响，包括对生产设施设备和人员的影响；二看水，观察水位、水色、水质情况，可借助仪器设备，测定水中的物理、化学、生物指标，尤其是水生生物、pH、溶氧量的变化值，准确把握水质变化趋势，通过综合调控手段，控制适宜肥度，确保水质稳定；三看虾，观察对虾摄食、活动、生长情况，有无异常反应，个体大小差异是否悬殊异常，有无病虾、死虾等，从而及时调节饵料，做到有病早治、无病先防；四看有无其他异常情况。

(134) 巡塘检查其他异常情况包括哪些？

巡塘检查有无其他异常情况，包括查看进排水口设施及渠道、堤坝等是否有破损、渗水，取水水源及周边是否有异常，塘中是否有外来敌害生物的侵袭，生产、电力设施设备能否正常运行等情况。夜间观察虾塘内有无发光现象及其强度，一旦发现问题应及时采取措施，寻求应对解决办法。

(135) 巡塘检查的"勤"包括哪些内容？

"勤"，是巡塘检查的要点之一，它包括勤观察：除坚持早中晚巡塘外，还得在突发天气发生前后、饵料投喂前后，注意观察水质、水色、南美白对虾活动及数量变化，有无病虾或异常现象发生等；勤除杂：及时清除害鱼害鸟、食台残饵与污泥、池子周围杂草及垃圾、池中有害藻类与漂浮物及病死虾，并做好无害化处理；勤检查：注意检查饵料质量、南美白对虾摄食和生长、进排水网栏（网片、网袋）、堤坝安全、生产设施设备运行等情况；勤记录：要及时做好测量、检测记录，按时做好养殖日志工作。

(136) 巡塘检查的"细"包括哪些内容？

"细"，是巡塘质量的重要保障手段，与"勤"一起，构成了巡塘检查的两个要点。"细",就是要注意各种微细变化和迹象,及时找出原因和采取有效的措施。如水位变化、水色(水质)变化、南美白对虾摄食、生长和数量变化及其饱食情况、浮头预兆等,查明原因后,应立即采取措施,制止不良现象的发生。

137 什么是料台检查管理?

料台检查管理,是指养殖生产过程中对饲料观察台的管理。包括饲料台的设置安装、定期消毒、饲料摄食情况观察,以及饲料台上南美白对虾健康状况的检查。加强料台检查管理,不仅能了解南美白对虾吃食情况,决定是否加料或者减料喂养,关系到养殖成本控制,更为重要的是便于掌握南美白对虾的生长健康状况,及时采取应对措施。

138 料台检查管理的重点是什么?

大多数养殖户,料台检查一般只看南美白对虾是否在一定的时间内吃完饲料,最多观察一下对虾生长个体大小而已,很少认真检查南美白对虾是否健康,而这恰恰是料台检查的重点和关键所在。抢食的强弱、进食的快慢、剩饵的多少,只是南美白对虾健康情况的一个反映。此外,料台检查时应重点关注、观察、检查对虾的触须、鳃、肝、肠、足、尾扇、肌肉等,全面掌握南美白对虾健康状况。可以说,料台检查也是对虾养殖病害预防的重要手段。

139 如何从料台管理的角度观察并判别南美白对虾健康状况?

从料台检查管理的角度判别南美白对虾健康状况,主要是从南美白对虾肌体、触须、鳃、肝、肠等方面着手。一是检查肌体,健康虾体的肌肉结实,无白浊、红体、软体、弓形现象,体表清晰,体色鲜艳,呈浅青色,身体透明或者半透明;二是检查触须,健康虾体触须的基部呈透明或者半透明,触须完整;三是检查鳃部,健康虾体透过两侧头胸甲,其鳃清晰可见,无病变或有异物现象;四是检查肝部,健康虾体的肝是土灰色,肝表膜呈灰白色;五是检查肠道,健康虾体的肠道整条饱满,呈褐色,无空肠、断肠等现象;六是检查料台,如果发现虾体正常,但也出现死亡,特别是增氧机旁也有死虾出现,则说明主要是缺氧引起的偷死,应即刻采取增氧措施。

140 常用的料台工具有哪些?

常用的料台工具,主要有饲料台(罾)和三角网袋(图4)。饲料台(罾)通常有圆形和方形两种。圆形饲料台由钢筋焊接成直径为60厘米、高为15厘米的圆柱形,四周及底部用聚乙烯网布缝制而成;方形饲料台,通常底边长为60~80厘米,如圆形饲料台由钢筋焊接成型,再用聚乙烯网布缝制而成;或用毛竹条杆和聚乙烯网布缝制而成,又称罾。三角网袋是用6毫米钢筋和聚乙烯网袋缝制而成,边长为30~40厘米的正三角体器具,并用聚乙烯绳索做牵引,网袋深20~30厘米。

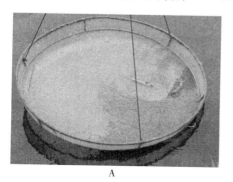

A

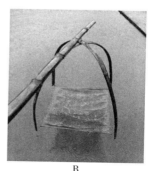

B

C

图 4　常用料台工具
A. 饲料台　B. 罾　C. 三角网袋

141 **饲料台（罾）和三角网袋各有什么功用？**

饲料台（罾）主要用于检查南美白对虾的吃食情况、尽食时间、残饵状况以及南美白对虾的规格大小、健康状况等。通常，根据池塘大小每塘设置 1～2 个饲料台（罾），并放在离塘埂 2 米及水深 1 米处；检查时缓慢拉离水面观察。三角网袋主要用于检查在投饵带以外池底的病虾、死虾及残饵情况，池底淤泥状况等；使用时先将三角网袋用力抛到池塘的中心处和最深处，然后使其一边紧贴池底缓慢地拉动绳索收回，仔细观察网袋内的收集物并加以分析。

142 **如何估计出南美白对虾的存塘数量？**

客观地讲，要准确地估计池塘内南美白对虾的数量是相当困难的，这是因为南美白对虾在池内有集群的习性，且分布也不均匀。一般以在池塘四角处集聚较多，且应掌握养殖后期基本不在浅水处活动为准则。通常估算采用的技术方法，一是沿池边走动，利用日光斜射阴影掠过水面，或用棍横扫塘底，看受惊后弹跳的虾的多少；二是夜间利用灯光，沿池边观察顺池边游动虾群的数目，凭借通过经常性观察获得的经验，可以得到较为准确的数量；三是通过料台经常性观察，获得经验性数量，估算出南美白对虾的存塘数量。

143 **准确估算虾池南美白对虾数量有什么意义？**

掌握虾池内南美白对虾的数量，是确定日投饵量的依据，也是养好南美白对虾的重要因素。南美白对虾数量估测的不准，投饵的盲目性就很大。若估计得过高，投饵量过大，则会造成浪费饵料，且污染水质，严重者会引起虾病蔓延，甚至死亡；数量估算过少，投饵量不足，则影响南美白对虾的健康生长。

144 **如何正确取样进行虾体生长情况的测定？**

一般选取虾池中深、浅不同的代表点若干个，每隔半个月采用打网、料台诱捕或地虾笼诱捕等方式随机采集，获取样品对虾，测定池虾的生长情况。通过测量南美白对虾的体长与体重等生长指标，来判断某一时段其生长速度。每次取样测量南美白对虾尾数应在 30 尾以上。

145 **南美白对虾养殖需要配置哪些生产设备？**

水产养殖生产设备，包括排灌设备、增氧设备、投饲设备、捕捞设备、运输设备、电力设备、清塘设备、水质净化设备、水质检测设备、水温调控设备、育苗设备、防病消毒设备等。而对虾养殖除了配置必不可少的排灌设备、投饲设备、增氧设备、电力设备、捕捞设备外，其他设备可根据养殖生产范畴、生产模式、基地（场）规模、经济条件等的不同，因场而异配置。

146 **生产设备管理有什么意义？**

　　水产养殖生产设备管理，是指与水产养殖生产活动有关的设备安装、使用、维护、保养及其制度的建立。通过对养殖生产设备的有效管理控制，能延长设备的使用寿命，更好地发挥设备工艺，满足生产需求，确保人员安全、设备安全、产品安全，节约设备维护成本，促进养殖效益的提升。

147 **如何有效进行生产设备管理？**

　　良好的生产设备管理，一是要建立生产设备安装、使用、维护、保管、保养制度，落实相关责任；二是保证生产设备安装、使用的正确性；三是要定期对生产设备进行检查、维护、保养，确保设备的安全、正常运行和使用；四是生产季节结束后，要及时拆卸暂时不用的生产设备，利用空闲时期对生产设备进行保养，如涂防锈漆、上机油等，并移入仓库，做好保管工作。

148 **养殖生产中的水泵分哪几类？**

　　水泵是南美白对虾养殖生产过程中最常用的生产设备之一。按能否移动，可分为固定式水泵、移动式水泵，固定式水泵功率较大，常安置于泵埠，用于从水源处翻水入基地蓄水池；按是否沉浮，可分为潜水泵、浮水泵；按电源火线差异，可分为单相电水泵、三相电水泵。生产管理中，水泵除用于排灌养殖用水外，还可用于应急增氧，特别是浮水泵可作为喷水泵使用，达到增氧效果。

149 **水泵增氧有什么技巧？**

　　南美白对虾养殖必须配置足够的增氧设备，一般不建议用水泵增氧。当出现应急情况，不得不用潜水泵从水源向池塘注水增氧解救浮头时，必须确保潜水泵的进水口位于水面以下 1 米以内，以吸入溶氧丰富的上层水。若进水口伸入水层过深，则吸入的水溶氧较少，增氧效果较差，更因底层水温度较低，进入池塘后易形成密度流，反而使浮头更加严重。水泵增氧如果直接用水带放水入池，则必须固定水带头，且在落水处增设跌水板，既减少水流对虾塘坡埂的冲刷破坏，又扩大水与空气的接触面，增加进入池塘的氧气，并注意减少水流对虾体的直接冲击。使用水泵解救虾体浮头，必须等到水流中无虾方可停机，切忌中途关机。若是浮水泵，还可直接去除水带，固定在虾池中间，当喷水式增氧机使用。

150 水泵的使用管理应注意些什么？

水泵在安装使用过程中，应特别注意用电安全。除正确区分单相与三相电源外，在水泵移动过程中应注意避免对电缆线的损伤，包括内蕊的断折、裸露；同时，注意水泵外接水带的使用保护，特别是在送水时要避免重物的挤压爆裂，水带头部要做好固定，避免摔摆破损或对其他养殖设施，特别是堤坝护坡造成损害。长时间不用时，应将水带卸下，卷好，与水泵一起保管入库。

151 南美白对虾养殖为什么要使用增氧设备？

增氧设备，顾名思义就是增加养殖池塘水体中溶氧量的设备。在目前南美白对虾淡化养殖模式下，使用增氧设备是为满足池塘养殖南美白对虾的耗氧需求，防止其因水体溶氧不足造成的缺氧浮头，乃至泛池的最基本、最重要的技术手段。而且增氧设备不但能增加养殖池塘水体中的溶氧量，还能通过搅拌水体、促进水体对流交换和循环流动，促进有机物的氧化分解，消除有害气体，改善水质条件，减少病害发生概率。有效提高池塘初级生产力和自净能力，降低饲料系数，从而实现提高放养密度，增加对虾摄食强度，促进对虾生长发育，提高养殖单产，达到养殖增收的目的。

152 为什么说预防浮头是最重要的日常管理之一？

"浮一次头等于白喂三天饲料"，这是养虾人的通俗说法。而事实上浮头对南美白对虾的影响远不止此。轻微浮头，可影响南美白对虾的健康及其生长速度；严重浮头，会造成大批南美白对虾死亡，甚至颗粒无收。因此，浮头预防管理成为南美白对虾养殖过程中最重要的日常管理之一。

153 南美白对虾浮头有哪些表现？

浮头，是指南美白对虾在水体表层出现缓慢、群游等异常活动的一种现象。浮头时虾群在水面上游动，头部前端离水，触角和眼睛露出水面，游动时无方向性，呈散乱游动或失去平衡状，对刺激的反应变得迟缓或活动呆滞。而正常情况下，南美白对虾在水体中呈有规律地活动，游泳时具有明显的方向性，且速度较快，对周围刺激具有敏感性。

154 南美白对虾浮头可概括为哪几类？

南美白对虾浮头，可以概括为外源性浮头和内源性浮头。外源性浮头，包括缺氧性浮头、生理性浮头；内源性浮头，包括血源性浮头、病理性浮头、化学性浮头。血源性浮头又称组织性缺氧性浮头，病理性浮头、化学性浮头又可归纳为鳃源性缺氧浮头。

155 引发外源性浮头的主要因素有哪些？

从引发浮头的主要因素来看，缺氧性浮头是由于环境因素，如气候、水体水质及底质等突变，或因管理不善，如用药不当、放养密度过高而增氧不足等，水中溶氧量不足而引发的南美白对虾浮头。生理性浮头，是由于自然因素，如初一、十五，月圆月缺、潮汐潮涨等引发的南美白对虾浮头游塘。

156 血源性浮头的成因是什么？

血源性浮头，是由于有毒物质，如氰、氨和硫化氢等，导致南美白对虾血液运氧能力下降，或者使其体内生物氧化反应中断，造成机体组织缺氧引起浮头，即中毒性浮头，又可称谓组织性缺氧浮头。

157 病理性浮头的成因是什么？

病理性浮头，是由于南美白对虾感染病菌并发生疾病，造成机体不适，引发浮头游塘现象；或由于大量寄生虫和细菌在鳃部寄生，对鳃造成破坏，严重影响鳃的正常气体交换功能，引起南美白对虾呼吸障碍而引发的浮头。

158 化学性浮头的成因是什么？

化学性浮头，一类是由有毒气体、化学物质和重金属刺激南美白对虾鳃部，产生大量的黏液，覆盖鳃丝，阻碍气体交换，引起缺氧浮头；或过于酸的水，腐蚀鳃丝，使鳃丝产生凝固性坏死，并同鳃丝组织蛋白质结合，产生不溶性物质，使鳃失去功能，引发缺氧浮头；或过于碱性的水，同鳃丝组织蛋白质结合，产生可溶的碱性蛋白盐类，使蛋白质样变，引发缺氧浮头。另一类是直接在鳃上发生化学反应，使酶失去活性，影响呼吸链引发的缺氧浮头。如硫酸铜引起呼吸障碍，导致缺氧浮头。

159 怎样预防南美白对虾浮头？

由于引发南美白对虾浮头的因素有多种，在实际养殖生产过程中，务必加强日常巡塘检查，注意观察天气、水温、水质、水色等的变化，加强南美白对虾摄食、活动、生长情况的观察和机体健康检查。加强水质日常监测和水质调控，注意用药安全，确保水质稳定，做好预防准备工作。尽早发现浮头预兆，及时采取应急应对措施，制止浮头现象发生，以免影响南美白对虾的健康及生长。尤其是在夏季高温时期，台风、暴雨、阵雨时常来临之际更应注意防范。

160 发现南美白对虾浮头该采取什么措施？

首先要认真分析浮头原因，综合考虑各种因素；其次是即刻采取相应的技术措施，及时予以解救。对于缺氧性浮头、生理性浮头等外源性浮头，主要采用物理、化学两种急救方法，即开启增氧机、使用增氧粉进行应急解救；对于病理性浮头，关键在于日常机体健康检查的基础上，及时查找病因，进行药物治疗，恢复南美白对虾机体健康，同时结合充气增氧、调换水；对于血源性浮头和化学性浮头，关键还是在于加强水质日常监测，及早发现，否则会导致无法解救；若一旦发生，则需立即对水源水和蓄水池原水进行水质检测，若无异常，即采取大剂量换水、曝气的方法，恢复池塘水质正常；若水源水和蓄水池原水水质异常，则需尽快就近找到正常新水源，采取直接引水灌注入池，同时进行换水、曝气的方法进行解救。

161 常用曝气增氧设备有哪些？

目前，南美白对虾养殖生产中常用的曝气增氧设备，主要有属于表层环流式曝气增氧的叶轮式增氧机、水车式增氧机、涌浪式增氧机等设备，属于底层充气式曝气增氧的纳米增氧盘、纳米增氧管等设备。此外，水泵也可作为应急曝气增氧设备使用。

162 增氧机在南美白对虾养殖中的作用有哪些？

简单地说，增氧机在南美白对虾养殖中具有增氧、搅水和曝气等作用。具体而言，除了通过提高水体溶解氧，特别是底层对虾活动层水体的溶氧，为南美白对虾生长代谢提供充足的氧气保障外，还能通过搅拌作用，促进水体对流，防止溶氧和水温分层现象产生，以利于藻类生长，保持稳定良好的水色，维持水体的生态平衡，促进好氧菌的培养，抑制致病菌的生长，有效减少病害发生概率，加速养殖池中有机物氧化分解，减少有害物质的生成；通过推动水体环流，刺激南美白对虾的生长，提高虾塘集污排污效果；通过曝气作用，促进气体泡沫分离，移除水中过多的有害气体。

163 增氧机增氧的原理是什么？

增氧机，主要是通过机械搅动水体，促进养殖水体的上下对流交换，把上层经过光合作用富含氧气的水体打到池塘底部，解决了氧气向水体底部自然渗透非常缓慢、很难形成有效的氧气交流的问题，并促进水-气界面更新，把水分散为细小雾滴，喷入气相，增加水-气分界面的接触面积，使更多的氧气进入水体中，并与整个水体充分混合，从而提高增氧速率和效率。同时，由于水体对气体的容纳量是有限的，通过增氧机的搅动、曝气作用，把有害气体从水中解吸出来，排入空气中，减少其他气体在水体中的比例，从而提高溶解氧的容量。

164 午后阳光很好的天气条件下还需要开增氧机吗？

增氧机最主要的作用是，促进养殖水体的上下交流，把上层经过光合作用富含氧气的水打到池塘底部。而其通过曝气对水体溶解氧的贡献值是相对较低的，浮游植物（藻类）的光合作用所产生的氧，才是水体溶解氧的主要来源。午后，在阳光灿烂的条件下，透光层水体的溶解氧处于超饱和状态，可超过溶解氧饱和度的 200%～300%。此时开动增氧机，把透光层处于超饱和溶解氧的水打到不透光的、溶解氧相对较低的底层，同时，把底层贫氧水交流到上层进行光合作用，有利于促进溶氧垂直分布的均衡，使整个养殖水体保持较高的溶氧量。可见，认为午后阳光那么好、就不需要开动增氧机的看法是不正确的；恰恰相反，午后光合作用最强时，开动增氧机的增氧效率才是最高的。

165 开动增氧机一般有什么规律？

从水体溶氧分布日变化来看，水体溶氧量最大值出现在下午日落之前，最小值出现在早晨日出之前。这提示我们：晴天中午和午后光合作用最好的时候开一会增氧机，可促进富含饱和氧的上层水和贫氧的底层水的交流，而傍晚前就不宜开动增氧机。晚上，特别是下半夜，没有了光合作用，水体无法产氧，再由于富营养化的底泥、大量生物耗氧的原因，水体溶氧浓度不断下降。因此，晚上，尤其是下半夜需要开动增氧机，直至天亮。另外，在无风作用下，水体溶氧水平分布均一；有风时，水体溶氧水平分布出现不均一状态。白天上风处溶氧低，下风处溶氧高；经过夜间的水体自然对流，凌晨上风处溶氧高，下风处溶氧低。因此，有风的时候也该开一会儿增氧机，促进溶氧的均衡分布。

166 **什么是科学开启增氧机的方法？**

开启增氧机的方法，可概括为"三开、两不开"及"一早、两长、两短"。即晴天中午开、阴天凌晨开、连绵阴雨半夜开；傍晚不开、阴天白天不开；浮头早开，以防泛塘；负荷面积大，开机时间长，反之，则开机时间短；天气炎热，开机时间长，天气凉爽，开机时间短。

167 **为何增氧机要在阴天凌晨开，而阴天白天却不开？**

浮游植物光合作用产生的氧气，是池塘水体溶氧的主要来源。阴天白天光照较弱，浮游植物光合作用不旺，虾塘水体制氧量不高，整个水体溶氧条件差，但可以维持虾类的生存需要。此时如果开动增氧机，在把上层水体的有氧水对流至下层水体的同时，上层水体的氧量却得不到及时补充，而且由于空气气压低，直接向水中增氧能力较差，使得整个水体溶氧条件变差，尤其是上层水体溶氧情况相对更劣，容易引起虾类提前浮头，甚至泛塘，因此阴天白天不宜开机。相反，阴天凌晨开机增氧，是由于虾塘水体的溶氧量最小值出现在早晨日出之前，在溶氧点较低的凌晨开机1次，利用增氧机的作用来增加水-气分界面的接触面积，促使更多的氧气进入水体中，以防天亮前后因缺氧严重造成的南美白对虾浮头。

168 **为什么增氧机傍晚不能开，连绵阴雨又要半夜开？**

因为傍晚时分，浮游植物光合作用即将要停止，不能再持续向水中增氧。开机后使得上下层水体中的溶氧得以均匀分布，但上层水体溶氧却在降低后得不到及时持续补充；而下层水体溶氧又会被底泥及生物很快消耗，结果反而加速整个虾塘水体溶氧消耗速度，使得翌晨南美白对虾更容易引起浮头，与阴天白天不开增氧机原理相似。而连绵阴雨天气，白天日照强度比阴天还要弱，浮游植物光合作用造氧极少，一般半夜甚至前半夜，虾塘水体就开始缺氧。因此，必须在半夜开机，以防泛池。

169 增氧机安装使用时有什么用电安全要求？

增氧机使用 380 伏的三相电源，因此，一定要严格注意用电安全。在增氧机安装过程中，必须待其他安装工作完成后，方可将电缆线固定到电源插座。操控增氧机的开关（电闸）、插座等应安装在避雨的电箱内，以免受潮漏电。开关安装位置应在池塘边上，操作时能看到增氧机，便于在开机时发现异常情况可马上拉闸断电。增氧机工作时，如发出嗡嗡声，必须立即停机检查线路是否缺相运行。如缺相运行应接好保险丝后再重新开机，否则就将烧坏电机。使用增氧机应配备热继电器、温度继电器、热敏电阻保护器等保护装置；配套用电缆线在水中不可受张力，更不能将电缆线当绳子拉用，而应用锁夹将电缆线固定在机架上，不得垂入水中。电缆线一定要用正规厂家生产的合格电缆。

170 增氧机的使用管理应注意些什么？

增氧机是南美白对虾养殖中最重要的设备，由于使用频繁，易出故障。因此，在使用管理时要特别注意专人负责，增强安全意识，对增氧机的运行、维护、保养等要做详细记录。增氧机下水时应保持水平，既要防止减速器通气孔溢油，更要防止电动机与水接触，以免因浸水而烧坏；需正确安装保护罩，避免电机受到水淋，并注意保护接线盒免受水浸锈蚀。增氧机开启运行时扭力很大，必须做好加固措施。增氧机开启时要密切观察叶轮转向及运转情况，如发现声音异响、转向反向、运转不平稳等，应立即停机，排除故障后再开机。注意及时清理叶轮上的缠绕物或附着物。每年检查浮体1次，注意观察叶轮吃水深度，避免因浮力不足，使负荷增大而烧坏电机。

171 什么是底部纳米增氧？

底部纳米增氧，就是池塘管道纳米增氧技术，也称纳米管增氧技术，简称底增氧，是继水面叶轮式、水车式增氧机等传统增氧技术之后的新型增氧技术，已被广泛应用于水产养殖，特别是南美白对虾养殖中。底部纳米增氧采用罗茨鼓风机，将空气压入输气管道，送入纳米管，以微气泡形式分散到水中，微气泡由底向上升浮，促使氧气充分溶入水中，还可造成水流的旋转和上下流动，使池塘上层富含氧气的水带入底层，实现池水的均匀增氧。

172 底部纳米增氧有哪些设施组成？

底部纳米增氧设施主要有主机（电动机）、罗茨鼓风机（转速1 400转/分）、储气缓冲装置（PVC塑料管）、支管（PVC塑料或橡胶软管）、曝气管（微孔纳米曝气管盘）等组成。

173 如何安装底部纳米增氧设施？

底部纳米增氧设施，通过主机（功率与罗茨鼓风机匹配）皮带带动罗茨鼓风机。罗茨鼓风机连接储气缓冲装置，储气缓冲装置连接主管、主管接支管、支管接曝气管（盘）。目前，对虾养殖中底部纳米增氧曝气终端设施主要有盘式和条式两种。盘式采用曝气管固定在用4～6毫米直径钢筋弯成的盘框上。盘框总长度15～20米，每亩装3～4只曝气盘，盘框需固定在池底，离池底10～15厘米，每亩配备鼓风机功率0.1～0.15千瓦；条式是将曝气管（支管）横向固定在离池底10～15厘米处，每支长度根据池塘宽度而定，管间距5米左右，每亩配备鼓风机功率0.1千瓦。

174 底部纳米增氧有什么优点？

底部纳米增氧技术，采用在南美白对虾池塘底部充气增氧的办法，形成池塘水流的旋转和上下对流。将池塘底部有害气体带出水面，加快对池塘底部氨、氮、亚硝酸盐、硫化氢等的氧化，从而抑制底部有害微生物的生长，改善虾塘的水质条件，减少病害的发生。与传统的表面机械增氧相比，底部纳米增氧区域范围广、增氧层次均衡、池底环境改善效果明显，有效保证了池塘水质的相对稳定，提高了饲料利用率，从而促进南美白对虾的生长。此外，除曝气管盘外，底部纳米增氧设备的其他装置均安装在塘坝或空地上，安全性能好，不会给水体带来任何污染。可以说，底部纳米增氧技术具有节能、低噪、安全等优点。

175 底部纳米增氧的技术优势原理是什么？

底部纳米增氧技术因微孔曝气产生的微小气泡，在水体中与水的接触面积大，上浮流速低，接触时间长，氧的传质效率极高，能使水体溶氧迅速增高；而其能耗不到传统增氧装置的1/4，可大大节约能耗成本，具有高效节本的技术优势。同时，由于底部纳米曝气管（盘）安装在池塘底部，微小而缓慢上升的气泡流，将水体变成一条缓缓流动的河流，使表层水体和底层水体同时均匀增氧。充足的溶氧，可加速水体底层沉积的肥泥、变质的残饵、对虾排泄物等有机质的分解，转化为微生物，使水体自我净化功能得以恢复，有助于建立起自然水体生态系统，促使菌相、藻相自然平衡，保持水体活爽、水质稳定，提高对虾养殖的成活率。

176 南美白对虾养殖中采用何种增氧技术较好？

据有关研究，单一采用叶轮式增氧机增氧，会形成明显的高、低溶氧区，使得南美白对虾的适宜生存空间环境变得狭小；水车式增氧机水平推流混合能力较强，但对底层增氧效果不大；底充式增氧池底增氧速率快，但若布点太密，增氧效果反而差，且增加鼓风机负荷，若布点太稀，则全塘增氧不够均匀。如果将水车式增氧和底充式增氧结合，则可取长补短，形成一种互补的立体增氧模式，使得整个池塘水体形成上下、水平的高效循环对流，可快速消除池塘的温跃层、氧跃层，达到增氧和活化池塘底质的双重目的，并保持水体理化因子长期稳定，使南美白对虾健康快速地生长。因此，目前在南美白对虾养殖中采用表层水车式增氧＋底部纳米增氧的模式效果最好，增氧速率快且全塘增氧最均匀，有利于南美白对虾的高密度养殖。

177 南美白对虾养殖中如何做到安全用电？

为确保南美白对虾养殖生产活动的顺利进行，避免因电气事故威胁人身安全、造成养殖损失，必须制定有效的安全生产用电管理制度，宣传普及用电安全知识，采取相应的技术保障措施，做到聘用专业电工；合理布置用电线路；正确安装、使用生产和生活电器设备；正确选择电源线，增氧机等电器设备的电源线必须采用带专用接地线的四芯电缆，电缆应采用双塑绝缘导线，不能用单塑，且电缆必须架空敷设，不能爬地安装；配置安装技术参数合适、有 3C 认证的漏电开关；插座、开关、闸刀等应接入避雨的电箱内；注意不超负荷用电；由专人负责对用电线路、电气设备等进行安全检查。

178 **为什么要安装漏电开关？**

当电气设备漏电，人体触及金属外壳就有电流通过人体，当电流经过心脏达到 10～30 毫安时，触电者如果不能及时自行摆脱带电体时，就有较大可能造成触电伤亡。而且当漏电电流较大时，人是无法自行摆脱的。安装了漏电开关后，情况就不同了，当电气设备漏电时，漏电电流流经漏电开关，其开关就会自动跳闸，断开电源，确保了人身安全。

179 **南美白对虾养殖应选择怎样的漏电开关？**

漏电开关有多种种类和选型。从相数分，可分单相 220V、三相三线 330V 和三相四线 380V 三种。其中，三相四线漏电开关可同时保护三相动力用电设备和单相用电设备，对虾养殖生产应安装三相四线漏电开关；从漏电开关的保护性能分，可分为带过流保护的漏电开关和不带过流保护的漏电开关两种。对虾养殖户宜采用不带过流保护这种，它不但价格便宜，而且使用方便，不用调节过流量。但在漏电开关前，必须装一个三相胶壳刀开关，并配上合适的保险丝。

180 **南美白对虾养殖日常水质监测有哪些指标？**

对虾养殖日常水质监测，有助于准确掌握养殖水质理化、生物指标，及时采取应对措施，调节水质，为对虾创造最佳的生长环境，确保对虾健康生长。常规水质监测项目，包括溶氧、pH（酸碱度）、氨氮、亚硝酸盐、硝酸盐、硫化氢、温度、盐度、透明度等；非常规水质检测项目，包括重金属指标、浮游动植物数量等。

181　南美白对虾养殖应购买配置哪些常用监测仪器？

对虾养殖池塘水质有物理、化学、生物因子三方面内容，需要用科学仪器才能了解它们的现状和变化。因此，开展对虾养殖有必要购买一些仪器，对简便、重要的指标进行测定，为养殖生产管理提供依据。用于对虾养殖日常监测的检测仪器，主要有温度计、比重计（或盐度计）、pH 精密试纸（或电子 pH 测定计）、透明度板、采水器、溶氧仪、生物显微镜等。目前，随着科学技术的进步，便携式水质监测仪、试剂盒、水质在线监测系统、远程无线水质自动监测系统等应运而生，为对虾养殖日常水质监测带来了便利。各养殖基地可根据自身实际情况予以配置，有条件和能力的规模养殖场，可同时配备实验室进行更加严谨的监测。对于疑难指标，可送到监测能力更强的外单位去进行实验室监测。

182　什么是养殖档案（包括哪几方面）？

养殖场养殖档案，包括苗种、饲料、饲料添加剂、渔药、微生物制剂等生产投入品的采购和使用记录及相关票据凭证或复印件，养殖产品的生产、销售、用药等三项记录，日常管理中开展的水质检测、产品检测、病死对虾无害化处理等记录，与养殖生产有关的制度、许可、认证、检查以及项目建设、科研和工作计划、总结、报告等文件文档。养殖档案要求及时、准确、完整、翔实。

183　养殖档案管理有哪些要求？

养殖场必须建立健全统一的养殖档案，设置养殖档案专柜，并由专人管理，养殖档案管理人员要及时记录、搜集、汇总，并对档案记录结果负责。档案管理应制度化和标志化，并将档案管理制度张贴或悬挂上墙。养殖档案的保管期限分永久、长期、短期三种。对普通生产、销售、用药等记录，要求保存 2 年以上；对一些重要的技术资料档案、许可认证档案应归档长期保存或永久保存。对档案的借阅需严格按照相关制度执行，不得擅自拆卷、复制或在档案文件上随意涂划。

184 建立养殖档案有什么作用？

养殖档案是有关养殖生产各项措施和生产变动情况的简明记录，作为分析情况、总结经验、检查工作的原始数据，也为下一步改进养殖技术，制订生产计划做参考。要实行科学养殖，一定要做到每口池塘都有养殖档案，平时做好池塘管理记录和统计分析。

185 记载养殖日志有什么意义？

详尽记载以生产记录、用药记录、销售记录等"三项记录"为主要内容的养殖日志，是实现初级水产品质量安全管理和可追溯的重要保证。它反映的是养殖过程中的第一手数据，有助于及时发现问题、分析问题，针对性地予以调整、解决问题，为分析当年养殖情况、总结生产经验，为下一年度改进技术措施，制订养殖生产计划提供经验与参考依据，并对以后养殖技术的分析总结、管理模式的改进提升有重要借鉴意义。可以说，养殖日志是构建了一个整体养殖的"实景图"。

186 养殖日志通常记录哪些内容？

养殖日志，主要是综合记录养殖生产过程中投入品（苗种、饲料、渔药）的购入和使用情况，包括养殖种类、苗种来源、放养时间、放养密度等情况，饲料来源及投喂情况，养殖品种病害的发生、发展、治疗、损伤等情况，养殖产品的活动、生长、收获、贮存和销售情况，养殖生产过程中天气、水温、水质变化情况和测量检测情况，注水换水、增氧机开关及水质调控情况，以及其他与养殖生产直接相关的活动情况。养殖日志应当保存至该批养殖水产品全部销售后的 2 年以上。

187 为什么要建立饲料和药品进出库记录？

确保南美白对虾淡化养殖的产品质量安全，是养殖生产者必须承担的主体责任，也是养殖生产者应该具备的社会责任。建立饲料和药品进出库记录，并保证其与"三项记录"中的相关内容保持一致，是养殖生产档案记录的重要环节之一，更是实现养殖产品质量安全可追溯管理的重要保障。当发生南美白对虾产品死亡损失、质量安全等问题时，凭借饲料和药品进出库记录，便于及时、准确追溯问题环节和根源，采取相应对策措施，最大限度地减少产品死亡、质量安全造成的损失。

188 渔药仓库管理应注意些什么？

渔药仓库管理，是对虾养殖药品管理的重要内容，也是对虾质量安全管理可追溯的重要环节。外观上，渔药仓库应有明显的标式标牌；在内部管理上，应强化制度建设，并上墙张贴，做好渔药出入库管理台账，实行药品领用、失效药品处理登记制度。渔药购回后，应对其进行包括厂家、批准文号、有效期、是否是禁用药等验收，合格者方可登记入库。渔药领用出库时，应根据处方管理制度，凭处方员（技术员）出具的处方单发放，并按药品"先进先出"的原则，做好领用出库记录。应定期对留存渔药进行清点盘存，对失效的药品进行无害化处理。渔药仓库应设有专门药品存放柜，按内服药与外用药、水剂与粉剂分类摆放；并根据需要配置低温冰箱，以存放有特殊要求的渔药，如疫苗、活菌类药物等。

189 饲料仓库管理应注意些什么？

与渔药仓库管理一样，饲料仓库管理要求饲料仓库设置标识标牌，建立饲料仓库管理制度，做到制度上墙，做好饲料入库、出库、领用的时间、数量等信息登记工作。饲料仓库应建立饲料清单，对饲料供应商的生产许可证、批准文号、产品执行标准号、主要成分、使用说明、合格证和批次检验报告等资料进行查验确认，并复印保存。饲料库管员应严格按照验收程序，对饲料进行验收入库，并加强与生产投料、饲料采供等部门主管的沟通，随时掌握用料进度，制订合理的库存数量和采购计划。库存饲料的领用应坚持"先进先出"的原则，保证饲料的新鲜。

190 为什么说制度建设是日常管理的重要内容？

俗话说"没有规矩，不成方圆"。规矩，也就是规章制度，简称制度，是为了规范养殖生产秩序，明确企业内部各部门和员工岗位职责，确保产品质量安全，节本增效，提高管理效能，依照有关法律、法规、规章及企业实际而制订的具体操作规程，具有指导性和约束性、鞭策性和激励性、规范性和程序性等特点。作为养殖企业内部岗位性制度，对工作程序的规范化、岗位责任的法规化、管理方法的科学化起着重大作用，是企业员工行动的准则和依据。对养殖生产日常管理具有指导作用，既是日常管理的重要内容，也是对虾养殖企业迈向现代渔业企业的重要标志。

191 **对虾养殖生产管理制度有哪些?**

对虾养殖生产主要管理制度,包括员工考勤制度、产品质量安全追溯制度、内检员制度、渔药使用管理制度、产品无害化处理制度、饲料管理制度、实验室管理制度、仓库管理制度、办公室管理制度、财务管理制度、生产设备管理制度、卫生防疫管理制度等,涉及与养殖生产相关的各个环节。

04 四、淡化养殖环境调控

　　养殖环境调控，主要指养殖池塘的微生态环境调控。它贯穿了整个南美白对虾淡化养殖过程，既是南美白对虾淡化养殖的重要组成部分，也是南美白对虾淡化养殖成功的关键。养殖环境调控，主要包括虾苗放养前养殖池塘的清塘、清淤、整池、曝晒、消毒、培水等基础性工作，以及淡化养殖过程中通过施用微生物制剂、肥水素、底质改良剂和机械增氧、排水注水等方法调控水质和底质，以保障池塘微生态循环系统的稳定，为南美白对虾生长提供良好的环境条件。

(192) 为什么要对南美白对虾养殖环境进行调控？

　　南美白对虾养殖池塘作为一个人工生态系统，南美白对虾在其生物群落中占绝对优势。由于大量人工饲料的投入，除牧食链、腐屑链外，在食物关系中又增加了饲料链，使得养殖池塘系统的结构和功能发生改变；而南美白对虾庞大的生物量又造成了畸形的池塘系统生态金字塔，决定了该系统的低生态缓冲能力和脆弱性，因而导致水质、底质也经常出现较大波动。因此，在南美白对虾淡化养殖过程中，必须强化环境调控，做好养殖池塘的清淤消毒，养殖用水的净化处理，适时向池塘生态系统补充微量营养、有益微生物、矿物质等，加强对池塘底泥和水体的修复，增加水体溶氧，提高养殖水体自我修复效率，从而达到改善水质和底质，确保南美白对虾健康生长。

193 **南美白对虾养殖塘为什么要进行清塘消毒和整池？**

南美白对虾养殖池塘经过上茬或上年的养殖生产后，难免会存在池塘坝坡坍塌损坏，出水口淤泥堆积；塘底许多残饵、排泄物、杂物及野杂鱼、敌害生物沉积；淤泥中病毒、细菌、寄生虫等潜伏；养殖过程中渔药使用后的药物残留、重金属离子；淤泥中沉积的腐殖质。因此，在南美白对虾养殖前，必须对池塘进行彻底地清塘消毒和整池，对池塘坝坡、进排水渠管进行整修，清除塘底多余淤泥，以有效减轻塘底有机负荷，消除敌害生物，清除携带病原体的生物及病原菌，改善养殖池塘生态环境，为南美白对虾健康生长创造良好的底质环境和生态环境。

194 **怎样科学地清塘消毒？**

明白了清塘消毒的目的，还必须掌握正确、科学的清塘消毒步骤和方法。清塘消毒的一般步骤是：先放干塘水，除去野杂鱼和敌害生物，挖出塘底过多的淤泥；利用冬季干旱少雨的有利时节，经风化日晒，使塘底干涸龟裂，促使底层腐殖质分解，杀死有害生物和部分病原菌，改良土质；加强对空闲池塘的管理，保持塘底干燥，同时做好池塘堤坝、进排水渠的修整。在养殖生产来临时，在对虾苗种放养前，用生石灰、漂白粉和茶籽饼等对养殖池塘进行消毒，尔后进行解毒，消除有毒有害物质，再泼洒有益微生物制剂，进行生物降解和净化，正本清源，促进水质培育。

195 **南美白对虾养殖池塘为什么要进行清淤？**

养殖结束后，南美白对虾养殖池塘的淤泥中除了有病毒、细菌、寄生虫等潜伏，还有渔药使用后的药物残留、重金属离子等，特别是淤泥中沉积的大量腐殖质酸，容易使后一茬或翌年养殖过程中的池水转向酸性，导致水体肥效减低，阻碍饵料生物的繁殖，促使病原菌繁殖，极易诱发南美白对虾养殖后感染疾病。且在养殖过程中因水温升高，塘底腐殖质的急速分解，产生诸如二氧化碳、硫化氢、甲烷等有害气体。同时，消耗大量的氧气，使池水缺氧，水质变坏。因此，有必要做好南美白对虾养殖池塘的清淤工作。

196 怎样进行池塘清淤？

池塘清淤，可分为干法清淤、湿法清淤两种方法。①干法清淤，最好在晒塘后进行，即等塘底晒成龟裂后将表层泥土移除。注意，切勿贪图方便，将塘泥堆放在塘堤上，以防止雨水将其冲回原塘；②湿法清淤，在捕完虾后保持 20 厘米左右的水位，将底泥搅起后连水带泥一起排到塘外，如此重复几次即可；或在捕完虾后把塘水排干，用高压水枪冲刷池底，再将泥水排到塘外，以达到彻底清淤的目的。有条件的养殖户，可使用推土机对池塘进行清淤、整形，这样效果更佳。

197 怎样进行池塘晒塘？

清淤工作彻底完成后，将池塘水排干，进行晒塘。期间可种一些冬季蔬菜，在收获的同时将池塘底泥进行翻耕、继续晒塘，更有利于彻底杀灭病原生物。晒塘期间种植植物相当于种养轮作，不但有利于降低池塘底泥的肥力、改善池塘底质环境，而且能增加经济效益，可谓一举双得。

198 常用清塘消毒药物包括哪几种？

因区域的不同，池塘酸碱度存在差异，各地清塘消毒所用药物也会有所区别，但常用的清塘药物不外乎生石灰、漂白粉和茶籽饼等。为确保产品安全，严禁使用有机农药等毒性较大的药物对池塘进行清塘消毒。

199 **生石灰消毒的作用机理是什么？**

生石灰消毒是利用生石灰遇水后发生化学反应，产生氢氧化钙，并放出大量的热。氢氧化钙为强碱，其氢氧根离子在短时间内能使池水的 pH 迅速提高到 11 以上，达到杀菌消毒目的。生石灰不但能杀死鱼类、蝌蚪、水生昆虫、寄生虫、病原菌及部分水生植物，还具有改良水质、底质和促进藻类繁殖、增加水中钙离子含量等作用。

200 **生石灰消毒的施用剂量是多少？**

生石灰消毒，包括干法消毒和带水消毒两种。①干法消毒，通常保持池塘水深 10 厘米，并在池底周围挖一些小坑，将生石灰倒入坑内加水化成浆液，趁热全池均匀泼洒，生石灰用量为 75～100 千克/亩；②带水消毒，通常保持池塘水深 50～60 厘米，将生石灰加水化浆后全池泼洒，生石灰用量为 125～150 千克/亩。

201 **用生石灰消毒时应注意什么？**

生石灰最好使用的是块状石灰，它遇水能放出大量热能。长时间保存容易导致效果下降，因此，生石灰应在购买后立即使用。池水硬度大、池底淤泥多，会影响生石灰的清塘效果，应适当加大用量。在盐碱地带土壤碱性强，池水 pH 高，因此，为防水体 pH 过高，不宜使用生石灰清塘。生石灰清塘的药性一般在 5～7 天内消失，但虾苗放养前必须进行安全试水。

202 漂白粉消毒的作用机理是什么?

漂白粉消毒的作用机理,主要是其遇水可分解成次氯酸和碱性氯化钙,而次氯酸放出的新生态氧,具有强烈的杀菌和杀死敌害生物的功效;另外,在池水中含有氨氮时,次氯酸能立即与氨作用生成氯铵,而氯铵也有消毒作用。因此,漂白粉具有清塘消毒的作用,能杀死鱼类、蝌蚪、螺、水生昆虫、寄生虫及大部分病原体。

203 漂白粉消毒的施用剂量是多少?

漂白粉的消毒方法,包括干法消毒和带水消毒两种。①干法消毒,通常水深为 10～20 厘米,有效氯含量为 30% 的漂白粉用量为 5～7.5 千克/亩,消毒时将漂白粉加水溶解后全池均匀泼洒;②带水消毒,通常水深 50～60 厘米,漂白粉用量为 10～15 千克/亩,其有效氯含量和消毒方法同干法消毒。

204 用漂白粉消毒时应注意什么?

漂白粉极易挥发分解,久放或保存不当易失效。溶解漂白粉禁止使用金属容器。用药时应在上风处泼洒,防止药液沾染腐蚀皮肤、衣物;不要与生石灰合用。在水温较高时需 5 天左右时间,漂白粉的药力才能消失。因此,应在安全试水后再放养虾苗。

205 茶籽饼消毒的作用机理是怎样的?

茶籽饼是油茶果核榨油后的副产品,含有 7%～8% 的皂角苷成分。茶籽饼的消毒机理,就是利用其含有的可使动物红细胞溶解造成动物死亡的溶血性毒素皂角苷,来杀死鱼类、蝌蚪、螺、蚌、蚂蟥和部分水生昆虫,从而达到消毒作用。但它对细菌、虾、螃蟹等不含有血红蛋白的基本无效,而且茶籽饼还含有丰富的蛋白质和少量的脂肪以及多种氨基酸等营养物质，施用后即成有机肥料，具有肥水作用，有利于培养水质，可谓一物两用、一举双得。

206 怎样科学使用茶籽饼消毒？

茶籽饼消毒，在使用前应先将无霉变的块状茶籽饼敲碎加水浸泡24小时，施用时再加水，然后连渣带汁全池均匀泼洒。一般水深20厘米时，茶籽饼用量为10～15千克/亩，药效期3～5天。茶籽饼的用量与其新鲜度、粉碎细度、浸泡方式、池塘水温、是否带渣泼洒等有关系。如果是新鲜原料，又砸得很碎，且用桶加热水立即密封浸泡的话，则效果会更好，用料可更省；如果连汁带渣一起泼洒，则毒性消退时间较长。因茶籽饼对细菌等微生物病原没有杀灭作用，因此，在南美白对虾苗种放养前，还需使用氯制剂或其他消毒剂进行消毒，并进行安全试水。

207 什么是全水体消毒方法？

全水体消毒方法，即养殖时水体有多深、就用多深的水体进行消毒。也即池塘先加水至正常养殖时的水位，然后再进行消毒的方法。这是一些虾农为了防止虾病发生，所采用的希望将养殖水体中所有敌害生物（包括杂鱼）、细菌、病毒、病原体"彻底"杀死的消毒方法。这种消毒方法的目的和愿望是好的，但并不科学，其效果会适得其反，副作用大，弊大于利，不宜采用。

208 为什么虾塘消毒不宜采用全水体消毒方法？

这是因为与干法消毒、带水消毒相比较，全水体消毒方法固然能杀死敌害生物及各种病原体，但池塘水体中的各类有益生物，包括浮游植物和浮游动物也会被彻底杀死。这些生物被杀死后，水体就变得透明，清澈见底。在这种水环境中，藻种已被杀灭。没有了藻种，也就没有了繁殖藻类的亲本。这种因为缺少了必要藻类的水体，即使达到一定的水色和透明度，也不会持久，水色会不断反复，很难真正培肥，不利于虾苗放养。因此，对虾塘消毒不宜采用全水体消毒方法。

209 正确的清塘消毒方法是怎样的？

由于干法消毒、带水消毒既能把池底细菌、病毒杀死，也能把敌害生物杀死。同时，又因用药量少而节约成本，而且在消毒完成后 2～3 天，可借助用 80 目的纱绢过滤进水，把大量浮游生物（即浮游动物和浮游植物）带入池塘。其中的浮游植物经施肥吸收营养盐，24～48 小时内即可培养出良好水色和透明度。浮游植物的迅速繁殖，又为浮游动物提供了饲料，使浮游动物迅速繁殖，从而形成良好的生态环境，并为下塘虾苗提供适口饵料，使虾苗在良好环境中迅速生长。因此，相较于全水体消毒，干法消毒、带水消毒更加科学合理。

210 为什么要对消毒水体进行解毒？

池塘经清塘消毒后，因气温较低，或遇阴雨天时间长，清塘药物的残毒易渗入底泥，不利于药物残毒的挥发，并且药物残毒会产生肥水培藻、肥而无效，苗不沉底、漂苗等危害。另外，池塘水体中可能存在其他的有毒有害物质，如重金属、农药等，故必须用硫代硫酸钠、EDTA 或有机酸解毒剂解毒。解毒后可消除养殖隐患，提高放苗成功率，同时利于肥水培藻。

211 生物降解和净化的目的是什么？

生物降解和净化，就是在降解残毒 3～5 小时后，全池泼洒有益微生物制剂。利用有益微生物的代谢作用，分解水体中的生物尸体及有机污染物，使之数量减少，浓度下降，毒性减轻，直至消失，从而减少或消除致病隐患，正本清源，建立有益微生物种群优势。将生物尸体或其他有机污染物转化为营养盐，既可消除或避免二次污染，又可促进肥水培藻。

212　什么叫水色？

水色是指溶于水中物质，包括天然的金属离子，污泥基腐殖质的色素，微生物及浮游生物，悬浮的残饵、有机质、黏土或胶状物质等，在阳光下所呈现出来的颜色。其中，尤以浮游生物、底栖生物种类及其密度对水色的影响最大。同时，也与池底、池壁颜色、天空颜色及亮度、岸边水草多少等有关。池塘水色不宜过浅，也不宜过深，需把握合适的度。

213　怎样科学评判良好水色？

判断水色好坏，可从以下两方面考虑，即在该水色状态下，池塘水体既能昼夜保持较高的溶氧（4～8 毫克/升），又能保持较稳定的 pH（日波动不超过 0.4）。如有些泥浊水，从肉眼判断一般会误认为是水质较差的水，可其 pH 稳定、溶氧高，其实就是养虾较容易成功的好水；相反，在蓝藻暴发初期水会出现非常鲜艳漂亮的翠绿色，很多人却误认为是良好水色而不加以处理，错失时机，最后造成水质恶化。因此，通常通过测定溶氧和 pH 的变化，可准确清楚地区分评判优良水色和不良水色。

214　良好的水色有什么特性？

良好的水色标志着藻相、菌相、浮游动植物三者的动态健康平衡，其具有以下特性：水中的溶氧充足；水质稳定，具降毒作用，水中有毒物的含量较低；有益菌成为优势菌群，可为南美白对虾提供天然饵料；水体的透明度适中，能有效抑制丝藻及底藻的滋生，提高南美白对虾防御敌害的能力；保持水温相对稳定；可有效抑制病菌的繁殖；水体整体生态环境良好，能为南美白对虾提供一个良好的生长环境。

215 水质指标包括哪些内容？

水质指标，主要包括透明度、水色、酸碱度（pH）、溶解氧（DO）、氨氮、亚硝酸盐、硫化氢、重金属离子等。

216 南美白对虾养殖应具备怎样的水质指标？

南美白对虾养殖需保持水质"肥、活、嫩、爽"，并具备以下优良水质指标：透明度前期为 20～30 厘米、中后期为 30～40 厘米；水色呈黄禄色、黄褐色或棕褐色；pH 在 7.8～8.6；溶解氧达 4 毫克/升以上；氨氮（NH_4^+-N）在 0.1 毫克/升以下；亚硝酸盐在 0.02 毫克/升以下；硫化物在 0.05 毫克/升以下；重金属离子汞在 0.000 52 毫克/升以下、铜在 0.012 毫克/升以下、铝在 0.05 毫克/升以下、砷在 0.005 2 毫克/升以下等。

217 水质"肥、活、嫩、爽"的标准是什么？

在淡水养殖中，一般以"肥、活、嫩、爽"来形容水质的质量要求。肥，即水色深度适当，浮游生物多，且可供南美白对虾消化的种类数量多，一般透明度为 20～35 厘米；活，指水色和透明度随着光照和时间不同而呈现日变化和周期变化，藻类种群处在不断繁殖又不断被利用，池塘中物质循环处良好状态，浮游动植物平衡；嫩，就是藻类生长旺盛，水色鲜嫩呈现亮色，不发暗，对虾易消化的浮游植物多，大部分藻类细胞未老化，水肥而不老；爽，是指水中悬浮物或溶解的有机物较少，水质清爽，水面无浮膜，混浊度小，透明度为 20～35 厘米，水中溶氧量较高。

218 什么叫"藻相"？

藻相，就是水体中藻类的种类、数量以及有益藻和有害藻的比例情况。在一定条件下，每一门藻类既有有益的、也有有害的，或某种藻类有时有益、有时有害，并不能笼统地说绿藻、硅藻等就一定是有益藻，而蓝藻、甲藻、裸藻等就一定是有害藻。因此，在南美白对虾淡化养殖过程中，我们不仅仅要关注藻相的优良，更要关注藻类的生存状态和水质的稳定。

219 怎样才能建立良好的藻相？

从生物多样性的角度看，养殖水体中藻类的种类越多，且各种类之间的密度分布越均匀越好。但由于对虾养殖池是一个人工生态系统，很难维持藻类多样性，养殖过程中往往都是一至数种藻类占绝对优势，且处于不断变化过程中。因此，要建立相对良好的藻相，就要根据不同藻类的生理生态、不同类型池塘的实际情况以及不同的水温、气候状况，及时进行水质调节和管理，补充水体微量元素平衡水体营养，定向培养有益藻类，使之成为优势种群。

220 什么叫"菌相"？

菌相，就是水体养殖环境中细菌的种类、数量以及有益菌与有害菌的比例。就如同藻相一样，一个水体养殖环境系统里的优良菌相，其实不仅仅全是有益菌，有害菌也同样是必不可少的。如肠道里的大肠杆菌，繁殖过多会引发细菌性肠炎，少量存在不仅无害，还有助肠道消化。很多养殖户误以为把有害菌杀光了，养殖就安全无忧了，殊不知很多时候水体里有多种细菌存在时，对南美白对虾而言才是正常而安全的。而在消毒杀菌之后，南美白对虾反而容易出问题。因此，在南美白对虾养殖过程中，不主张随意消毒杀菌，破坏水体菌相平衡。

221 怎样才能建立良好的菌相？

有益菌和有害菌的数量比例，决定了水体菌相的平衡。因此，与建立良好的藻相相似，必须人为的定向增加有益菌数量，控制有害菌的大量繁殖，才能保证水体菌相平衡。科学的方法是，定期使用复合菌类微生态制剂来调节水体，利用有益菌代谢过程产生的抗菌肽等代谢产物，来抑制有害菌的繁殖。以有益菌竞争性地控制有害菌数量，实现菌相平衡。而不是简单地使用消毒剂来杀灭有害菌，与此同时也杀灭了有益菌，破坏了水体菌相的平衡。

222 为什么说菌相决定藻相？

活菌能将有机物分解成多种简单结构的小分子物质，而这些小分子的物质，尤其是无机化合物就能直接被藻类利用。这就是说，某些细菌的代谢产物可以帮助另外一些藻类生长繁殖，这也就是我们常说的菌相决定藻相。同时，菌、藻在一定程度上既可以相互抑制，竞争溶氧和营养，又可以相互促进，菌分解有机质可以供藻类吸收，藻类光合作用及代谢产物可以促进菌的繁殖。

223 如何维持菌藻平衡？

由于菌相决定藻相，单一的菌相就会促进单一的藻相形成，复杂的菌相就相应地产生复杂多样的藻相。而藻相越复杂多样化，那藻相水质就越稳定，越能维持长久。这是因为当一种藻类死亡后，就会有其他藻类代替它成为优势种群，不会引起整个水体藻类的覆灭，从而使得水体就不会轻易地倒藻，变质。因此，我们在养殖中应该交替使用多种活菌产品，来确保藻相的多样性，增强水体的缓冲能力，保障水质稳定。定期向水体补充益生菌调节菌相平衡，向水体适量补充碳、氮、磷等大量元素和铁、锌、镁等微量元素保持藻相平衡，保障水体的生态平衡。

224 养殖过程中为什么要补充矿物质？

在南美白对虾养殖期间定期补充矿物质，既是为了满足南美白对虾养殖池塘水体中藻类生长对钙、镁、磷、钾等矿物质的需要，保持藻相稳定，又是为了满足南美白对虾养殖水体需要多种微量矿物质，以维持一定的总碱度和硬度。而且南美白对虾蜕壳和蜕壳后硬壳，也需要钙、镁、磷等常量元素来强化。

225 矿物质对藻类有什么作用？

钙是藻类细胞壁的组成成分之一，镁是叶绿素的组成成分之一，因此，以钙、镁为主矿物质，能促进藻类的光合作用、促进藻类对营养物质的吸收。如果矿物质不足，就会抑制藻类的生长和繁殖。特别是在藻类繁殖到一定程度后，由于水体中矿物质被大量消耗，造成矿物质严重不足，而使得藻类因缺乏足够的矿物质而加速老化，从而引起藻相的波动；或在南美白对虾大量集中蜕壳后，大量矿物质在短时间内被南美白对虾吸收，进一步加剧了水体矿物质不足的现状，从而导致藻类大量死亡，引起倒藻现象的发生。

226 矿物质对菌类有什么作用？

矿物质是参与细菌机体构成与酶活性调控的重要营养元素，

并为有益菌的繁殖提供比较理想的碳源、氮源以及足够量的营养。而有益菌对菌相和藻相的稳定都起着关键作用。如果矿物质不足，就会使有益菌的繁殖受到影响，水体中的营养循环受到阻碍，导致藻类营养供应不足和不稳定，出现藻相不稳定、水质指标异常、弧菌超标等诸多问题，从而引起菌相失衡。

227 什么是"倒藻"？

简单地说，"倒藻"就是由于天气异常变化，或水体中某些营养元素的缺乏，造成养殖水体中的藻类出现大规模死亡或全部死亡，导致水色骤然变清、变浊，甚至变红（硅藻）的一种现象。其中，变浊又有黄浊、白浊和粉绿色的浑浊之分。一般在养殖前期，倒藻发生时水色会变清，透明度加大，并导致青苔、泥皮滋生；相反在养殖中后期，发生倒藻时则水色会变浊，变红发黑。

228 引发"倒藻"的原因有哪些？

通常天气突变、营养失衡、日常管理不当等，都会诱发倒藻的发生。当高温、暴雨、长时间阴雨、风向突然转变、冷热温差过大等，都可能引起养殖池塘的水环境突变，造成生物失衡，引发倒藻。如硅藻适宜水温为 $23\sim30℃$，绿藻 $25\sim33℃$，当水温超过耐受程度时就会使其死亡，引发倒藻；还有，水体藻类生态平衡失调，当蓝藻、裸甲藻等有害藻类占优势，碰到外界气温突变等因子时，也可引发倒藻转水；而管理不当，包括施肥补肥的时机把握不好，换水添水的时间、数量不对，换添水之后没有及时保肥，消毒剂的使用剂量和时间不妥等，都会引发倒藻。

229 怎样预防倒藻的发生？

为预防倒藻的发生，一般在养殖前期要少量多次地补充发酵肥，防止因水体中缺少藻类营养引发倒藻；而在养殖后期因南美白对虾粪便、残饵的增多，不再增肥，只需适量补充微量元素（特别是镁、磷、碳）和藻源类产品，提高藻类活力。在高温季节，坚持每天早上加注少量清洁水，既降温，又能稀释藻类毒素；坚持开机增氧预防水分层，保持水体充足的溶解氧，防止因缺氧引发的倒藻。注意定期泼洒微生物制剂调节水质，改善底质。

230 倒藻有什么危害？

发生倒藻时，养殖水体中的理化因子和浮游生物就会产生很大的变异。由于缺少了进行光合作用的藻类，水体中的溶解氧就会下降，二氧化碳就会增加，从而使得 pH 迅速下降到 7.5 以下，严重影响南美白对虾血液的携氧力，造成南美白对虾缺氧浮头，甚至死亡。而大量藻类的死亡，不但弱化了对氨氮的吸收，且众多死藻的分解还会产生氨氮和亚硝酸盐，加剧水体中氧的消耗。水体中的原生动物也会因倒藻而大量繁殖并摄食藻类，使得水中的悬浮物（微尘、粪便、死藻等）因缺乏藻类的沉降作用而成浑浊状态，反过来又抑制藻类的生长，形成恶循环。同时，藻类的突然死亡，可引发池水透明度过大，引起底栖青苔滋生，其强烈吸收水中的营养盐，又限制了浮游藻类的生长，引起有害菌大量繁殖，诱发南美白对虾的发病、死亡。

231 怎样处理"倒藻"？

发生倒藻后，首先要及时查找原因，判断是因水发黏并缺氧，还是营养不均，或是水体分层底败造成的。并针对性采取增氧、解毒、底改等措施，排除原生动物，引入新水、肥水，促使藻类恢复。

232 针对不同原因的"倒藻"有什么应对方法？

针对"倒藻"现象，若测定是溶氧量偏低，则开启增氧设施，确保溶解氧充足，防止缺氧应激，尤其在养殖中后期南美白对虾密度较高时，可同时泼洒抗应激及解毒药物，并配合使用过硫酸氢钾复合盐进行底质改良，之后再进行培藻；若检测是 pH 偏低，则用 20～30 千克/亩的饱和石灰水泼洒调节；若检测到水中存有大量原生动物，则应先杀灭后再肥水，且操作需慎重，避免过于剧烈。也可适当进行换水处理，少量多次加注新鲜水源，每次不超过 10％，并视情况适当补施发酵肥。

233 南美白对虾养殖中盲目消杀调水有什么危害？

在南美白对虾养殖过程中未经定量检测分析，简单地采用定期泼洒药物，盲目地进行消毒、杀菌、除虫以调控水质，其实际上违背了养虾先养水的科学理念。机械地消杀，既人为增加药残，造成大量生物死亡、沉积塘底，易导致塘底变质恶化，直接威胁危害南美白对虾的健康，破坏养殖生态环境，又使得大量有益藻类被错杀，破坏水体溶氧来源和水质稳定基础，增加缺氧泛底、浮头翻塘的风险。同时，增强了敌害生物的抗药性，降低了南美白对虾的免疫力。而且每次使用"消杀"药，均不同程度地影响着南美白对虾的正常健康生长，增加生产成本，影响养殖效益。

234 南美白对虾养殖中怎样贯彻健康养护的新理念？

贯彻健康养护的新理念，就是要在"以防为主、防重于治"的科学理念基础上，更加注重池塘养殖环境以及南美白对虾体内微生态环境的健康养护。其核心就是以稳定健康的水体溶氧为核心，培育和养护良好的藻相、水质和底质，养护南美白对虾健康的肝、肠、胃、鳃，促进其体内微生态的健康循环，从而实现可持续发展的生态、健康、高效的养殖目的。

235 健康养护新理念就是杜绝使用药物消杀吗？

健康"养护"新理念的观点，不是完全杜绝使用"消杀"药物，而是不赞成定期或经常性消毒、杀菌、杀虫的做法，更不赞成盲目的乱用药。它提倡适时、适当、适量用药，科学而理性的用药，讲究安全用药，注重消除用药后的隐患。

236 南美白对虾养殖健康"养护" 新理念有什么优点？

海南卓越生物有限公司提出的健康"养护"新理念，强调"养鱼先养水，培藻是基础，养底是关键"。其不仅有助于培育和稳定优良藻相，稳定水体溶氧，增强南美白对虾活力，提高其免疫、消化能力，降低饵料系数，减少残饵和粪便中残余营养成分对底质的污染，提高南美白对虾的生长速度，增加养殖产量，而且注重养护底质，正本清源，将塘底污泥降解转化成有机活性泥，降低和消除有毒有害物质，消除病原体滋生繁殖的根源，注重防抗应激、解毒排毒，及时消除水体中的残毒及其他隐患，有效降低发病概率。更重要的是，"养护"新理念注重生态修复和改善养殖环境，符合水产养殖绿色发展的理念和"减量用药"的行动要求。

237 养殖南美白对虾为什么要进行肥水？

所谓的肥水，就是在南美白对虾养殖生产中，通过施用发酵有机肥、无机肥、菜籽饼、氨基酸肥、全价可溶性有机肥和微生物制剂等，改变水色和透明度，以增加虾塘内的浮游植物和浮游动物数量。或者说定向培养水体中的有益藻类，并使其维持合理的浓度，以提高水体本身的增氧能力，促进水体中各种物质的循环，既维持水质稳定，又增加饵料生物的数量，为养殖南美白对虾提供优质的营养食物和生长环境。

238 科学肥水的要点是什么？

肥水又叫培水，其目的是为了培育优良且稳定的藻相，它关系着南美白对虾养殖的成败；其关键是有益藻类的培养，因此，也有"肥水"就是"培藻"的说法。肥水的要点即放苗前期，适当少量多次地补充藻类易吸收的肥料，使藻类始终维持较好水平，避免倒藻；养殖 1 个月后，由于投饲水体中已有大量的残饵、粪便等有机质，此时可通过每隔 10～15 天施用 1 次净水分解菌。利用活菌将有机质分解成多种营养盐类供藻类吸收利用，既可以促进藻类生长，又可以净化水质，减少氨氮、亚酸盐的产生，避免中后期出现水质和底质的恶化。

239 虾苗放养前怎么肥水？

池塘进水后、虾苗放苗前的肥水，主要采用单细胞培藻素或有机肥或生物肥＋有益微生物制剂方法进行施肥培水。即选择在晴天的上午，以水深 1 米计算，每亩施单细胞培藻素 1 千克，或经发酵的有机肥 200～250 千克，或生物肥 2～4 千克，另外，再加适量的微生物制剂，如光合细菌 5 千克，或芽孢杆菌 1 千克，或 EM 菌 2 千克。

240 虾苗放养前何时进行肥水较佳？

监测施肥培水过程可以发现，肥水初期，在施肥后 3～4 天开始，由于单细胞藻类的迅速繁殖及其进行光合作用，二氧化碳被大量消耗，引起池塘水体酸碱度的逐渐升高，使得 pH 可达 9.5 左右。但到施肥的第 15 天之后，水体 pH 就逐渐下降，到施肥后的第 20 天左右，pH 就恢复到 8.3 左右。此时，不但 pH 处于对虾生长的最适区域，而且池塘水体的水色、透明度和浮游动物都处在最佳状态，最适放养虾苗。因此，在虾苗放养前 20 天左右进行施肥培水，是较佳的时间选择。

241 肥水失败主要原因有哪些？

肥水失败的主要原因，通常有以下几种：一是清塘药物或消毒剂使用不当，致使藻类被杀灭，或使用地下水，导致池塘水体藻种数量少或缺乏；二是池塘水体中藻类生长所需的各种营养盐缺乏或不平衡；三是池塘老化，池底酸化，抑制了藻类的生长；四是水体中以藻类为食的浮游生物（轮虫、桡足类、卤虫等）过多，藻类繁殖受抑制；五是低温、阴雨天气，光照不足，藻类生长繁殖缓慢；六是水中青苔（刚毛藻、浒苔类、沟草等）过多，抑制了单胞藻的繁殖和生长。

242 针对肥水失败有什么解决办法？

针对肥水失败，可在查明原因后采取相应措施。如果是缺少藻种，则应选择晴朗天气，加注或引入富含藻类的水源，重新肥水；如果是池水偏酸，则用生石灰调节；对消毒用药过多者，可用含柠檬酸、氨基酸之类的有机酸解毒；对浮游生物过多的，则可静置 4～5 天，待轮虫、桡足类、卤虫等自行消亡或者被虾吃掉后，再进行肥水效果更好。如果缺少营养元素，则在经检测后相应予以补充，确保水体中氮、磷、钾等营养元素的平衡。为保证肥水过程中物质代谢速度和利用率，可在肥水的同时开动增氧机。

243 水肥起来后很快变清的原因及解决方法是什么？

这主要是因为施用单一的无机肥，使得培养出的藻种单一，且大多数池塘以单胞藻为主，同时藻类数量又少，因缺乏某些营养盐而限制了藻类生长，使得水体肥力不持久等原因造成的。

解决方法：先用有机酸解毒颗粒解毒，用量为 500～750 克/亩；然后用生物肥 2～4 千克/亩与氨基酸 1～1.5 千克/亩＋单细胞藻类素 1 千克/亩，混合均匀后全池泼洒。

244 阴雨天怎样肥水效果最佳？

阴雨天想要获得最佳的肥水效果，就要注意以下两个方面：一是阴雨天肥水，对肥料的营养配比要求非常苛刻，必须根据水体现有藻相情况，施用不同营养配比的物质。如果是以硅藻为主，那就施用氮∶磷∶钾＝1∶3∶0.5 的营养物质，以利于硅藻的生长；而若是以绿藻、隐藻为主的，则施用氮∶磷∶钾＝1∶（5～10）∶0.3 的营养物质，以利于绿藻、隐藻的生长。二是阴雨天气恶劣的环境条件，无论是对新生藻类还是对原有藻类的刺激都相对较大，藻类所需的能量物质相应地就比晴天要多得多，所以在肥水的时候应同时使用较大比例的藻类易吸收的碳源营养，如糖类、氨基酸等，以满足藻类生长所需的功能物质。

245 什么叫水华？

水华，是指因在南美白对虾养殖过程中缺乏科学而系统的养殖管理，导致养殖水体氮磷比失调，营养失衡，水体富营养化。在高氮低磷的情况下，蓝藻取代甲藻和硅藻成为优势藻相，并随着蓝藻类含量的增多，在水体表层面大量聚集形成一层蓝绿色且有腥臭味浮沫的一种现象。水华出现的最根本原因是，养殖水体中的污染物超过了水体环境的自身容量和负载能力。

246 形成水华的蓝藻主要有哪几种藻类？

形成水华的蓝藻，主要有微囊藻、鱼腥藻、色球藻、螺旋藻、拟项圈藻、腔球藻、尖头藻颤藻、裂面藻、胶鞘藻、束毛藻等十多个属。其中，微囊藻属是分布最广、最为常见的蓝藻，也是水体富营养化的重要标志。

247 蓝藻水华有什么危害？

蓝藻水华的形成，改变了水体的藻相和理化环境。蓝藻大量繁殖覆盖于水体表层，使得水体透明度降低，池塘有益藻类的光合作用受阻，水中溶氧减少，溶氧、pH 等昼夜变化加剧，并使南美白对虾误食引起胃肠道疾病。蓝藻的大量繁殖和死藻的分解，又造成水体缺氧，易导致南美白对虾泛池。死亡藻类产生的藻毒素、羟胺及硫化氢等有毒物质，可造成南美白对虾急性或慢性中毒，尤其藻毒素会专一性地作用于虾体的肝胰腺及肠胃等内部器官，引发严重的肝胰腺内出血和坏死，引起对虾死亡。当水体中的营养素被蓝藻耗尽时，蓝藻大量死亡，各种有害气体及蓝藻毒素大量释放，最终导致水生态系统的迅速崩溃，南美白对虾全部死亡。

248 蓝藻水华的成因是什么？

蓝藻对高温、低光强和紫外线的适应，可以过量摄取无机碳和营养物质，对低氮磷比的适应性强等生物特性，使其具有不被其他藻类可匹敌与抑制的能力，在环境适宜时往往会处于无节制的繁殖状态。因此，当天气连续晴热高温，超出大多数藻类的最适生长温度；盛夏季节光照度及水体藻类光合作用极强，二氧化碳消耗量达到最大，pH 急剧上升至 8.8～10.0，水体呈现强碱性；养殖中后期水体呈现高氮低磷，营养失衡，加之环境水质调控管理不到位，于是强光、高温、高碱度使其他藻类的繁殖受抑制，而以微囊藻为代表的藻便得天独厚地繁衍开来，最终形成水华。

249 怎样预防蓝藻水华的发生？

蓝藻预防重点是调节好水质，使池水达到"肥、活、嫩、爽"，保持菌藻平衡、水质稳定。具体是注重养殖前的清淤工作；经常灌注清水，避免池水有机质含量过高，注意虾池的 pH，定期泼洒生石灰或有机酸和其他降碱药物，调控好池水的酸碱度和水温，抑制蓝藻过量繁殖。高温季节，虾池每周灌注无蓝藻的新鲜水源水 10～20 厘米；或视水质水温情况，每天换注新水 5％～10％。7—9 月盛夏时节，加大磷肥用量，维持水体低氮高磷状态，抑制蓝藻过量繁殖，特别是池塘和底层有机质比较多的虾塘，加大磷肥用量尤为必要。施用微生物制剂，增加水体有益菌含量，提高水体有机物的分解能力，促进虾类生长，形成细菌分解、生物吸收、南美白对虾生长的良性循环。

250 蓝藻水在什么时候补肥有效果？

蓝藻水补肥，首先得通过镜检，确认藻相，因"藻"定补。此时，不仅要查看蓝藻是哪个具体种类的蓝藻，还要着重检查水中尚有哪些有益藻类可能形成优势种群。如果镜检时蓝藻处于初生态、旺盛期，那就不宜肥水；如果镜检时蓝藻颜色深暗，没有透光度或透光度较差，说明蓝藻处于老化状态，可以考虑肥水。蓝藻具有喜欢高温强光低盐高磷的习性，因此，我们只有避开上述情况进行补肥，才能显示效果。

251 有蓝藻的水体该如何补肥？

蓝藻属于光能固氮藻类，所以大部分的蓝藻不是很需要水体里的氮源营养，我们就可以利用这个特性，直接使用碳铵、尿素等含氮速溶肥水产品，就能促进其他藻类生长起来，达到肥水的目的。

252 蓝藻池肥水要注意哪几个问题？

在蓝藻池肥水应同时注意五个问题：一是多开机增氧，打破蓝藻对阳光的阻隔和对其他藻类的遮光、抑制，使水体中下层其他藻类也能吸收到阳光；二是将沸石粉与速溶肥水产品混合使用，利用沸石粉的沉降作用，将速溶肥带到水体中下层，便于其他藻类吸收，解决因蓝藻的覆盖遮挡而不能直接使用水剂肥水产品（尤其是液态磷肥）和粉剂肥水产品难溶或分解较慢不能实现快速培藻的弊端；三是肥水培藻前，适当使用一些强分解型芽孢杆菌，尽可能地分解些蓝藻毒素，减轻蓝藻毒素对其他藻类生长的抑制作用；四是施用肥水产品时，搭配使用大剂量光合细菌，发挥其有效抑制蓝藻（尤其是团状和细小蓝藻）繁殖的作用；五是施用肥水产品时少量搭配粗盐，以便更好地抑制蓝藻生长。

253 大量使用有机肥是否会导致藻类老化？

在池塘氧气充足的情况下，藻类是不易老化的。而大量使用不可溶性有机肥，反而会使池塘中无法利用的有机质严重过剩，耗氧物质大量积累增加，导致水体溶解氧不足，促使藻类因缺氧而老化、死亡。为此，在池塘水面多老化藻类和死藻的时候，应尽量使用可溶性生物肥进行肥水，减少过量的不可溶性物质产生，并在培肥过程中保持充足氧气，加速物质分解利用，真正做到水肥而不老。目前，常用的方法就是直接用氨基酸或 EM 菌（1 千克/亩）＋红糖（1 千克/亩）（1 米水深）浸泡 4～6 小时，全池泼洒。

(254) 青苔多如何肥水？

塘底青苔滋生，大量吸收水体及塘底的营养，并消耗氧气，使藻类因营养不足或缺氧无法正常繁殖。但青苔也有弱点，它需要阳光才能生长，在光线照不到的地方，青苔也就无法正常生存。因此，在有青苔的情况下，可以先用有机酸解毒颗粒 1 千克/亩解毒，再用单细胞培藻素（1～2 千克/亩）＋生物肥（2～4 千克/亩）＋红糖（1 千克/亩）（1 米水深）混合均匀，待发酵过夜，翌日晴天中午泼洒，以消除青苔。

(255) 养殖期间出现红水、黑水对南美白对虾有何影响？

这主要是由于藻类老化、死亡后，大型的鞭毛藻类、原生动物滋生而引发。红水、黑水经常出现，则会使得氨氮、亚硝酸盐偏高，pH、溶解氧偏低，严重影响南美白对虾的摄食、蜕壳、生长。水质长时间发红、发黑，则会使得南美白对虾体质虚弱，容易感染疾病，出现死亡。

(256) 出现红水、黑水该怎样处理？

对红水、黑水进行处理，一般通过使用高剂量的多元有机酸，抑制或杀灭水中耗氧量大的原生动物、鞭毛藻类，并培养有益的小型藻类，使水体中各种藻类重新建立平衡，达到水质改良的目的。可用有机酸处理，用量为 1 千克/亩。在使用过程中应开动所有增氧设备，以保持充足的氧气。

257 池塘水质浑浊的原因是什么？

在夏季高温季节或初秋温差较大时，高密度集约化养殖池塘常出现池水浑浊现象，从而影响对虾摄食。造成对虾池塘水质浑浊的原因，一是水体富营养化，造成蓝绿藻大量繁殖，随着气候突变，致使大量藻类死亡，引起水变，死亡藻类的残体释放出很多有害物质败坏水质，使水体的密度变大，底质中低密度物质上浮，悬浮于水中，这样就出现了水质浑浊现象；二是养殖生物体上有病虫害时，尤其在虾鱼生态混养情况下，虾类、特别是鱼类身体感到不适，就会在池塘中乱游乱蹿，搅动底泥，造成水体混浊，再加上水质不好，水体密度较大，浑浊很难沉降；三是长时间暴雨，导致水质浑浊，有机物耗氧加大，藻相突变，藻类死亡，加重水质浑浊。

258 池塘水色为什么会从绿色突然转变为黄泥水？

这主要是因为水体中的藻类因缺氧或缺乏一些营养元素，尤其是限制性营养元素而出现大量死亡；或水体中的浮游动物因缺氧大量死亡，造成 pH 偏高而产生。具体表现为因 pH 长期偏高，而氨氮、亚硝酸盐又能长期存在。此时池塘藻类繁殖旺盛，而水体营养补充不足，如遇到长期高温晴天时，藻类会因为营养不足而出现急性死亡；另外，当水体及塘底氧气供给不足，藻类体质较弱，出现大量老藻和弱藻，使得水面长期漂浮有泡沫，增氧机旁长期呈水浊现象。此时，如遇到天气变化或缺氧，极易产生藻类因急性缺氧而大量死亡，从而形成黄泥水。

259 对水质浑浊的水体应怎么处理？

防止水体富营养化，改良池塘底质，减少有机耗氧，补充碳源，平衡藻相，维持水质稳定，是解决水质浑浊的根本。对水质浑浊水体的处理，应掌握先杀菌、改底，然后再肥水，最后才培养有益菌的步骤。即发生水质浑浊后，应先用净水药物快速净化水质，消除水中的各种悬浮物质，降低有害物质含量；再施用改底剂，减少底质有机耗氧；同时，泼洒多糖、葡萄糖等补充碳源，增加底层有益藻类，维持藻相稳定；最后使用有益微生物制剂改良水质，稳定水质，通过培育有益藻类来抑制有害藻类的发展，形成稳定的水域生态环境。但要注意，当浮游动物大量存在时，必须先用杀虫剂，减少浮游动物耗氧。

260 什么是 pH？

pH，也称氢离子浓度指数、酸碱值，是溶液中氢离子浓度的一种标度，也就是通常意义上溶液酸碱程度的衡量标准。通常，pH 是一个介于 0～14 之间的数（浓硫酸 pH 约为－2）。在标准温度（25℃）和压力下，当 pH<7 时，溶液呈酸性；当 pH>7 时，溶液呈碱性；当 pH＝7 时，溶液呈中性。它的变化，主要取决于池水中游离二氧化碳和碳酸氢根的比例。水体中二氧化碳越多，pH 越低；二氧化碳越少，pH 越高。南美白对虾养殖水体的 pH 应控制在 7.0～9.0，最适宜 pH 为 8.0～8.5，早上和下午的变化值最好不超过 0.5。

261 什么是总碱度？

总碱度是水中氢氧根离子、碳酸根离子和碳酸氢根离子的总和，是水吸收阳离子（如氢离子 H^+），以维持酸碱度（pH）不变的能力。也就是说，总碱度代表了水的缓冲能力。适宜的总碱度，有助于提升水体的缓冲能力，防止因外界因素的变化造成水质突变。因此，水的总碱度在南美白对虾养殖水质条件中扮演极为重要的角色。

262 总碱度高低对南美白对虾有什么影响？

通常而言，总碱度高则水质稳定，南美白对虾育苗过程中的幼体变态和成长就较顺利，养成过程中的免疫反应灵敏，生理功能及成长就正常；反之，总碱度低则水质可能遽变，南美白对虾就易受病原体感染而致病。而且，在一定的范围内，总碱度的提高，有助于提高藻类对二氧化碳的利用率，增强光合作用。

263 什么是水的硬度？

水的硬度，指水体中钙、镁等离子含量的总和。由于养殖前的清塘和养殖过程中，水质、底质的处理多用生石灰，因此，南美白对虾养殖池塘水质的硬度主要由钙离子形成。南美白对虾整个生长过程都需要补充全价微量矿物质。如养殖水体缺少钙、镁等离子，则南美白对虾就会出现生长缓慢，蜕壳期延长，蜕壳期时会有大量软壳的偷死虾出现，且对天气变化敏感，容易应激。

264 虾塘白天和夜晚的 pH 会有哪些变化？

白天阳光充足，虾塘中水生植物进行强烈的光合作用，消耗水体中游离的二氧化碳，水体中的 pH 就会升高；而夜晚水生动植物、南美白对虾及微生物的呼吸作用和生命活动，就会释放大量的二氧化碳，水体中的 pH 就会降低。这种规律的变化，表现为池塘的最低 pH 出现在日出之前、最高 pH 出现在落日之前。白天 pH 逐渐升高，晚上 pH 逐渐降低。

265 pH 在水体上下层有差别吗？

白天，由于水生植物光合作用主要在中上层水体中进行，水体表层的 pH 就要高于底层；而晚上水生植物下沉，虾及微生物等的主要活动也在底层，因此，水体表层的 pH 也高于底层。也就是说，正常情况下，南美白对虾养殖池塘水体表层的 pH 无论白天或夜晚都要高于中下层。

266 **pH 在南美白对虾养殖过程中又有哪些变化？**

从南美白对虾养殖的整个过程来看，放苗前肥水阶段 pH 最高，有时可超过 9.6。这是因为前期多用生石灰清塘消毒，且肥水阶段水体藻类繁殖旺盛，光合作用强烈，大量消化二氧化碳，导致 pH 偏高。随着养殖时间的延伸，其后水体 pH 会不断下降。到养殖中后期，池塘底部沉淀的对虾排泄物、残饵和死亡生物，在细菌作用下发生厌氧分解，产生大量有机酸，使水体 pH 降低。此时，如果水质不加以调节，则 pH 就会不断发生变化，甚至降到 7.0 以下。

267 **pH 对水质和对虾有什么影响？**

pH 过低，会使水体中的有毒物硫化氢增加，亚硝酸盐毒性也增强。此时南美白对虾呼吸及代谢频率加快，同时，造成血蓝蛋白运输氧的功能发生障碍，其载氧能力降低，造成缺氧症。使南美白对虾的摄食量减少，消化率降低，新陈代谢变慢，生长受到抑制。而 pH 过高，也会使水体中的有毒氨增加（离子铵 NH_4^+ 转变为分子氨 NH_3），腐蚀南美白对虾的鳃组织，使南美白对虾蜕壳困难，造成呼吸障碍，影响南美白对虾的生长速度，严重时使南美白对虾窒息。过高的 pH 还将影响微生物的活性及其对有机质的降解，造成水质恶化。同时，早晚 pH 变化过大，水体环境也随之发生剧烈变化，易使南美白对虾因环境变化过大而出现不适，产生应激反应。

268 **pH 偏低是什么原因?**

养殖前期出现 pH 值偏低,一般为酸性土质或纳入的水源为酸性水造成的;养殖中后期,因为有机物的积累,池塘底部白对虾粪便、残留饲料和死亡生物在细菌的作用下发生厌氧分解,产生大量有机酸,很容易造成池底酸化而成还原态,此时会造成 pH 慢慢下降。

269 **怎么调节处理 pH 偏低?**

一般可用生石灰(CaO)或熟石灰 [Ca(OH)$_3$] 处理,以补充水体的氢氧根离子。酸性土质在清塘时即用生石灰处理,在进水前用 20~30 千克/亩(1 米水深)生石灰,可使放苗水体 pH 从 7 提高到 8 以上;中后期生石灰用量一般为 5~10 千克/亩(1 米水深)。由于水体的 pH 白天比晚上高,如果上午使用则用量应适当减少些,而傍晚用则用量可适当增加些。充分增氧,控制还原型物质的生成。培养藻相,促使优良藻类的繁殖。

270 **pH 过高是什么原因?**

造成 pH 过高的原因主要有:一是浮游植物光合作用强烈;二是过多使用生石灰清塘;三是池塘老化、塘底含氮有机质偏多以及水体缓冲能力低;四是水中二氧化碳被藻类充分利用。昼夜均持续维持在 8.5 以上、下午在 9.0 以上,均为 pH 过高的现象。

271 **怎么调节 pH 过高的现象?**

池塘水体 pH 过高,应根据不同原因,采取相应的措施。如注入新水调节,换水 20~30 厘米;对于因藻类繁殖过量、水色过浓引起 pH 过高的，可用药物杀去部分藻类，但是需要遵循少量多次的原则，并使用芽孢杆菌和光合细菌组合，保持水体嫩爽；注意清塘清淤细节，减少生石灰用量，适当保留底层淤泥；用生石灰清塘后，采取打复水的方法，降低碱性物质含量；泥底质碱性物过多的，用米糠及乳酸菌发酵处理，用量为 5～10 千克/亩（1 米水深）。

272 **怎么调节处理 pH 波动过大的现象？**

在养殖过程中，我们经常会发现 pH 晚上下降得较低，但到白天却恢复正常，或出现偏高的现象。造成 pH 波动过大的主要原因是，养殖水体中碱度偏低，同时水体缺钙。一般可用 3～5 千克/亩（1 米水深）的碳酸钙粉（$CaCO_3$）或白云石粉［$CaMg(CO_3)_2$］处理，补充水中的钙、镁及碳酸根离子。若碱度太低需要快速提高时，则建议使用碳酸氢钠，用量为 1～2 千克/亩（1 米水深）。

273 **pH 偏高一段时间为什么虾易"游水"？**

pH 长期偏高，易引起南美白对虾烂鳃、溃疡，使南美白对虾的呼吸功能降低，形成慢性或亚急性的生理性缺氧。长期缺氧，又造成南美白对虾体质弱，抵抗能力差，导致发病"游水"或直接产生生理性缺氧"游水"。

274 **什么叫溶解氧？**

溶解氧（DO），是指以分子状态溶于水中的氧气，它不是化合态的氧元素，也不是氧气气泡。溶解氧是养殖动物氧气需求的来源，只有在高溶解氧的情况下，养殖动物才能健康、快速生长。

275 **溶解氧在南美白对虾养殖中起什么作用?**

在南美白对虾养殖过程中,水体保持充足的溶解氧,可以氧化有机质和水体及塘底有害物质,抑制生成有毒物质的化学反应,降低有毒物质如氨氮、亚硝酸盐、硫化氢等的含量。如水中有机物腐烂后产生氨和硫化氢,在氧气充足的状态下,经微生物的分解作用,氨会转化成硝酸盐,硫化氢会转化成硫酸盐,变成无毒产物被藻类吸收,达到良性循环。因此,对虾养殖全程保证池水充足的溶解氧,是决定对虾养殖成败最关键的因素。

276 **养殖池水体溶解氧的来源主要包括哪几个方面?**

南美白对虾养殖池作为一个相对封闭的水体环境,其水体溶解氧的来源主要有三个方面:一是水体中植物,主要是浮游植物的光合作用向水体释放氧气,这是水体溶解氧的主要来源;二是通过注水,使用增氧设备(增氧机、纳米微孔管增氧)等物理方式,以及投放过碳酸钠、双氧水、过硼酸钠等增氧剂的化学方式,人为干预增加水体溶解氧,其中,使用增氧设备增氧是人为干预增加养殖池水体溶解氧含量的快速有效手段,已成为高产池塘溶解氧的重要补充来源;三是空气中氧气经过水气接触面的溶解作用进入水体,以这种方式补充的氧气,占养殖池总体补充量的比例很小。

277 **南美白对虾养殖池塘中氧气消耗的主要因素有哪些?**

南美白对虾养殖池塘中氧气消耗的主要因素,包括南美白对虾自身的呼吸作用;浮游植物(藻类)的呼吸作用;养殖池塘中浮游动物和植物死亡分解所消耗的氧气;南美白对虾养殖塘水体和底质中有机物氧化作用所消耗的氧气等。其中,虾塘底质耗氧量则是影响养殖环境中溶解氧的主要因素,约占虾塘总耗氧量的

60%；其次是藻类耗氧，约占 20%；动、植物分解耗氧占 15%；而虾塘中南美白对虾自身耗氧量相对较少，仅占 5%。

278 水体溶解氧不足的原因是什么？

水体溶解氧不足的原因有许多：一是水体中浮游动物、有机质分解、鱼虾呼吸等，均需不间断地消耗水体中的溶氧；二是池水藻相不稳定，出现藻相老化或倒藻现象，缺少了藻类的光合作用，因产氧少而缺氧；三养殖水体过肥，水中浮游藻类（尤其是蓝藻）过于丰富，由白天的光合作用转为夜晚旺盛的呼吸作用，大量耗氧，易造成水体溶氧不足；四是水中溶氧随温度升高而降低，造成溶氧不足；五是养殖池水比较深，影响阳光的透射，光合作用随着水深而减弱，使得底层溶氧不足；六是池水透明度较低，与透明度高的池塘相比，每天藻类死亡量要增加很多，池塘水华程度也就更快，加之中后期有机质过多，耗氧因子就越多，更容易导致水体溶氧不足。

279 水体溶解氧不足会造成什么后果？

水体溶解氧不足时，底层嫌气性细菌繁殖占优势，它们分解有机物的速度较慢，且分解产物都是对南美白对虾有毒害作用的物质（如 H_2S、NH_3、CH_4）。溶解氧不足，水体会发生脱氮作用和 NO_3^- 的消失，NH_3 的浓度增大，SO_4^{2-} 离子的还原反应产生 H_2S。同时，厌氧条件加速底泥磷和氨氮的释放，减缓氧化分解作用，减慢水体中污染物的降解，产生耗底问题，进而引起南美白对虾的死亡。

280 怎样才能保持水体高溶氧？

在整个对虾养殖期，要始终保持高溶氧，必须做到合理控制放养，并根据放养密度设置合理的增氧设施；持续保持藻类的活力和旺盛的光合作用；合理使用增氧机，及时降低水体表面张力，尽可能在白天加速有机质的分解，加强夜间的溶氧管理等。

281 南美白对虾养殖期间氨氮是怎么产生的？

为保持机体自身渗透压的平衡，南美白对虾在淡化养殖过程中需通过增加氨排泄来维持。除此之外，养殖期虾塘水体中氨氮产生的主要途径为对虾的氮化排泄物（其中，氨所占比例为67%～70%，氨基酸则占10%左右）；当水体缺氧时，以氨的形式存在的由饲料残饵、鱼虾粪便及各种生物残骸等分解后产生的氮（含氮有机物、硝酸盐、亚硝酸盐等），在厌氧菌的作用下，发生反硝化作用产生的氨；大量使用的肥料中所含有的氮源，也成为水中氨氮增加的来源。

282 氨氮的中毒机理是怎样的？

氨氮在养殖水体中以两种形式存在。一种是氨（NH_3），又叫非离子氨、分子氨，为脂溶性，且具有毒性；另一种是铵（NH_4^+），又叫离子氨，为无毒。当池塘水体氨的浓度过高时，将导致南美白对虾体内的氨较难通过鳃膜滤透方式排泄，直接增加其氨氮的排泄负担，从而导致血液中氨氮升高，血液 pH 随之上升，导致体内的多种酶活性受到抑制，降低血液的输氧能力，破坏鳃表皮组织，导致氧气和废物交换不畅而窒息。

283 氨氮有什么危害？

氨氮的危害有急性和慢性之分。氨氮慢性中毒时，表现为南美白对虾摄食活动降低，生长缓慢，组织损伤，组织间氧的输送能力降低，其鳃的离子交换功能受损，水体中磷、钙等离子就不易被吸收；南美白对虾长期处于应激状态，增加病害发生性，降低生长速度。而氨氮急性中毒时，表现为南美白对虾行为亢奋，平衡性丧失、抽搐不断，严重时产生死亡。

284　影响氨氮毒性的因素有哪些？

影响氨氮毒性的因素，主要有以下五方面：一是 pH，检测数据表明，pH 每增加 1 单位，有毒的非离子氨所占比例约增加 10 倍；二是温度，在 pH 为 7.8～8.2 范围内，温度每上升 10℃，非离子氨的比例增加 1 倍；三是溶氧，水中溶氧越低，氨氮毒性越强；四是盐度，盐度越低，氨氮的安全浓度越小，盐度上升则氨氮的毒性降低，这也是淡化养殖比海水养殖难以控制氨氮、养殖密度和产量较低的主要原因；五是以前所处的环境。长期处于氨氮较高环境中的对虾，对氨氮的耐受能力也更强。

285　消除氨氮的主要方法有哪些？

通常，可应用藻类和植物吸收水体中的氨氮，并将其转换合成氨基酸的原理，通过藻类和植物的培养来吸收氨氮，这是养殖池塘中消除氨氮的最有效方法。也可通过硝化作用和硝酸还原，即利用亚硝化细菌将氨（NH_3）氧化成亚硝酸，亚硝酸再次氧化成硝酸。而当水中氧气缺乏时，反硝化细菌就将硝酸还原为亚硝酸、次硝酸、羟胺或氨，此时，形成的气态氮就作为代谢物释放并从系统中流失，氨氮也随之得到消除。在虾塘中氨氮浓度高、pH 高时，通过开机增氧曝气、搅动水流等措施，有助于氨氮的挥发消除。当然，遵循科学的养殖生产管理，做好清淤曝晒，加强水质调控，保持水体清新，坚持科学投喂，提高饲料利用率，减少南美白对虾粪便排泄量及残饵，才是降低、消除氨氮的根本。

286 **为什么淡化养殖比海水养殖时更难控制氨氮？**

南美白对虾在高盐度海水环境中，其血淋巴中因为水的流失和离子的进入使得渗透压升高，因此，必须通过增加细胞内游离氨基酸、主动排出浓度过高离子、降低氨排泄，以合成氨基酸来维持体内外的平衡；相反，在低盐度或淡化养殖环境中，南美白对虾血淋巴的渗透压平衡必须靠离子浓度的维持和增加氨排泄来维持，这无异就增加了南美白对虾周边生活环境中氨的浓度。正是由于增加了自身体内氨氮的排泄，使得南美白对虾淡化养殖比海水养殖时更容易出现氨氮过高、难以控制的原因。

287 **虾池中亚硝酸盐是怎么来的？**

虾池中的亚硝酸盐，是虾池代谢产物不完全硝化所产生的代谢中间产物。养殖对虾排泄物、残饵及死亡藻类等含氮有机物经过异养细菌的作用，产生大量的氨和无机氮，有毒的氨分子和无毒的氨根离子再经过亚硝酸的作用转化成亚硝酸盐。

288 **虾池中亚硝酸盐是怎么变化的？**

在养殖初期，南美白对虾养殖池底含氮的有机物较少，池中原有的硝化细菌有能力降解所产生的亚硝酸盐，因此亚硝酸盐含量较低。但随着养殖过程中投饵量的加大，池底含氮有机物不断增多，而硝化细菌自身繁殖相对较慢且生长易受到其他菌群的抑制，并且对环境（如溶氧、pH、温度等）的要求较高，所以养殖中后期亚硝酸盐易发生，且易高难降。

289 亚硝酸盐的毒性原理是怎样的?

亚硝酸盐的毒性,主要是通过南美白对虾的呼吸作用,经鳃丝进入血液后,与血液中运输氧气的携氧蛋白血蓝素结合,使其载氧能力下降,甚至不能与氧结合而使血液丧失载氧能力,引起组织缺氧,个体呼吸困难,摄食减少,游动缓慢,体力衰退,鳃部受损变黑,出现"游塘""浮头""偷死""冒底"等现象。时间一长,则虾体免疫力下降,容易感染病原,暴发疾病。严重时,会导致对虾在池底蜕壳时中毒而亡。

290 为什么说亚硝酸盐是制约淡化养殖产量的因素之一?

一般而言,溶氧水平越低,pH 越低,水体盐度越低,则亚硝酸盐的毒性越高;反之,则毒性降低。由于淡化养殖与海水养殖相比较,其水体盐度要低很多,因此,在南美白对虾淡化养殖过程中若产生亚硝酸盐,则其毒性往往比海水养殖环境要大,对南美白对虾造成的危害也更大,成为制约淡化养殖产量的因素之一。在相同的技术和管理水平下,正是因为氨氮和亚硝酸盐在淡化养殖过程中的易产生、高毒性,使得南美白对虾淡化养殖与海水养殖相比产量较低的原因之一。

291 消除亚硝酸盐有哪些方法?

由于残饵、粪便、藻类尸体等有机物会不断地分解产生亚硝酸盐,因此,亚硝酸盐的消除就成为南美白对虾养殖过程中的一项系统工程,必须采取综合的防治手段。为使硝化反应进行彻底,减少中间产物亚硝酸盐蓄积机会,应合理增氧,保持水体较高的溶解氧;加强营养,饵服胆碱、多维等,以增强血液携氧能力,降低亚硝酸盐对南美白对虾造成的危害;合理控制放养密度，选用优质饲料，适时添加益生菌拌料投喂，提高饲料转化率；减少排泄量；强化预防，每7～10天使用芽孢杆菌、硝化细菌等微生物制剂，促使池中有机物分解转化；当水体有机质较多、亚硝酸盐较高时，则选择晴天上午倍量施用，并于傍晚施放高分子氨离子螯合剂、有机酸解毒剂等，从根本上降低亚硝酸盐的含量。

292 南美白对虾养殖期间氨氮、亚硝酸盐同时存在好不好？

氨氮、亚硝酸盐的存在具有两面性，一定量的氨氮和亚硝酸盐有利于肥水，但过高则会因为毒素过多而抑制藻类生长。一般来说，放苗前加注地下井水后，往往会出现氨氮、亚硝酸盐偏高的现象，此时放苗容易出现氨氮中毒蜕壳死亡现象，从而影响到成活率。通常要求放苗时，水体氨氮控制在0.2毫克/升以下、亚硝酸盐控制在0.05毫克/升以下。而养殖中后期，少量的氨氮和亚硝酸盐作为对藻类的营养供给，可促进水体稳定，也有益于保证水体自净功能，加快物质代谢速度，从而加快南美白对虾的生长速度，但必须保持足够的溶解氧。

293 亚硝酸盐高引起硬壳死虾该如何处理？

亚硝酸盐高常会引起南美白对虾蜕壳不遂死亡，或者蜕壳后缺氧软壳死亡。而且亚硝酸盐随南美白对虾呼吸进入血液中，可以和血液中的载氧细胞结合，降低血液运载氧气的能力，从而导致南美白对虾耐低氧能力降低，容易缺氧，并出现红身、红尾巴、红须等现象。此时除要增氧外，还要促进南美白对虾蜕壳，并找时机将亚硝酸盐降低。通常，采取每亩用氨硝净（主要成分硝化细菌）1.0～1.5千克与4～8千克腐殖酸钠＋红糖1千克，混合发酵4～6小时，翌日晴天中午泼洒的方法，注意同时开机增氧。

294 养殖中后期如何处理亚硝酸盐偏高带来的危害?

南美白对虾养殖到中后期,经常会出现亚硝酸偏高的现象,此时亚硝酸盐会进入白对虾血液循环系统,使南美白对虾的血液载氧能力降低,呼吸功能出现障碍。尤其是在南美白对虾蜕壳期,会直接引起南美白对虾因缺氧而死亡。同时,亚硝酸盐偏高也说明池塘水体代谢循环出现了问题,物质转化或来源和代谢水平之间的不平衡,都会导致亚硝酸盐等物质的积累。为此,首先要降亚硝酸盐,用氨硝净+腐殖酸钠+红糖浸泡过夜,翌日中午泼洒。在此之前要先停止投喂 2~3 餐,第四天起可以用多糖、维生素 C、维生素 E 等,拌料投喂 3~5 天。

295 阴雨天亚硝酸盐偏高怎么办?

阴雨天物质代谢速度慢,藻类代谢速度也慢,此时,由于含氮化合物的供给速度大于水体转化和利用速度而促使亚硝酸盐偏高,再加上阴雨天氧气不足,亚硝酸盐很难被转化成硝酸盐,所以积累的亚硝酸盐很难降低。如果此时强行降低亚硝酸盐或者将亚硝酸盐转移塘底,势必打破原有的水体平衡,引起水质不稳定,造成南美白对虾发病。通常,可先用有机酸解毒颗粒解毒(用量为 1.0 千克/亩),然后用调水宝(主要成分为芽孢杆菌、硝化细菌等)0.5~0.75 千克/亩与红糖 1.0 千克/亩搅匀浸泡4~6 小时,翌日晴天上午全池均匀泼洒的方法予以解决。

296 虾池中的硫化氢是怎么产生的?

南美白对虾养殖池中的硫化氢(H_2S),主要是在养殖过程中,特别是养殖中后期,池底积累大量的残余饵料、对虾排泄物、种类生物尸体和其他有机碎屑等有机物质化学还原形成的。

当养殖水体中硫化氢积累到一定数量时，池塘底泥就会变成黑色，严重时还会散发出类似臭鸡蛋味的腐臭气味，如果得不到及时有效的控制，将给南美白对的虾生长造成严重危害。

297 硫化氢的毒理机理是什么？

由于南美白对虾主要栖息生活在池塘底层，因此，底泥或池水中积累的硫化氢对南美白对虾健康生长有着严重的影响。当养殖水体中硫化氢浓度过高时，硫化氢就通过渗透与呼吸进入虾的组织与血液，与血蓝素中的铁结合，破坏血蓝素的结构，使血蓝素蛋白丧失结合氧分子的能力。同时，硫化氢对南美白对虾的甲壳和鳃黏膜有很强的刺激和腐蚀作用，能使机体组织产生凝血坏死，导致南美白对虾呼吸困难，甚至死亡。

298 南美白对虾硫化氢中毒有什么表现？

南美白对虾硫化氢中毒后，主要表现为骚动不安，在水体表层或中上层游动，或群游，或散游；体须及尾扇呈现红色，游泳足呈现黄色；严重时出现转塘，体质下降、生病，吃料减缓或停止摄食，甚至导致死亡。同时，水中溶氧，特别是底层溶氧非常低，用醋酸或有机酸酸化池底泥巴，会有臭鸡蛋味释放出来；严重时，在虾池下风处就可闻到臭鸡蛋味。

299 怎样有效控制硫化氢的毒性？

有效控制硫化氢毒性的主要方法有：一是合理控制虾苗放养密度，坚持科学适量投饲，减少养殖池塘底部的残饵、排泄物的堆积，有效减少硫化氢的生成因子；二是确保安装底排底增氧设施，适度加大底排换水量，加强底增氧的有效供给，有效控制硫化氢的生成和积累；三是保持 pH 8 左右，按每立方米水体 10～

15 千克的用量，全池泼洒生石灰，减少硫化氢的生成；四是人工投放光合细菌。

300 光合细菌为什么能控制硫化氢的生成？

光合细菌是水产养殖中常用的一种微生物制剂。它能在适宜的温度和光照条件下大量繁殖，并利用自身细胞内类似于植物叶绿素的细菌叶绿素，以太阳能为能源，利用硫化氢或小分子有机物作为供氢体进行光合作用，从而起到消除有机污染、分解硫化氢及净化水质的作用。

301 什么是微生物制剂？

微生物制剂又叫微生态制剂，是从自然界或动物体内分离得到的有益菌，经培养、发酵、加工等工艺制成的包含菌体及其代谢产物的活菌制剂。通常有一种或多种有益菌组成，具有无毒副作用、无药物残留、无耐药性等优点，可以用来改善养殖生态环境、净化水质及作为饲料添加剂，是替代抗生素较为理想的产品。

302 南美白对虾养殖生产中常见的有益微生物制剂有哪些？

南美白对虾养殖生产中常见的有益微生物制剂包括两大类。第一类是单一菌群微生物制剂，主要有光合细菌、硝化细菌、反硝化细菌、芽孢杆菌、酵母菌、乳酸菌等；第二类是复合微生物制剂，以光合细菌、硝化细菌、芽孢杆菌等多种有益微生物复合而成的微生物制剂，主要有益生素、ZM 菌、益水宝、生物抗菌肽等。单一菌种的微生物制剂局限性大；复合微生物制剂中各有益菌互惠互利、共生共存、净化环境的作用更全面。因此，复合微生物制剂用于水产养殖改良环境，成为微生态制剂的发展趋势。

303 微生物制剂是怎样起到净化水质作用的？

由一种或多种有益菌组成的微生物制剂，在进入养殖水体后，通过参与池塘水生态系统的氧化、氨化、反硝化、解磷、硫化、固氮等过程，迅速分解养殖过程中产生的有机物，降低水体中的氨氮、亚硝酸盐等的含量，有效调节水体生态平衡，为养殖生物健康生长创造良好的生态环境，并能活化养殖生物机体免疫系统，从而有效减少和预防疾病的发生，提高养殖成活率，最终起到"改良水质、防治疾病、促进生长"的作用。

304 微生物制剂对水体有何作用？

光合细菌可以吸收和消耗养殖水体中的有机物，降解硫化氢和氨氮，并可通过反硝化作用，去除水中的亚硝酸盐等有害物质。芽孢杆菌、硝化细菌可降低养殖水体中的氨氮和亚硝酸盐氮，从而降低水体中对养殖虾类有害的物质。因此，有益微生物制剂可有效降低养殖水体中亚硝酸盐、氨氮、硫化氢等浓度，抑制水体中有害微生物繁殖和生长，净化水质。同时，由于底层污泥中有机物和硝酸盐的迅速减少，可有效预防因气候突变导致水质剧变对对虾的影响，达到促进对虾健康生长的功效。

305 微生物制剂对南美白对虾有何作用？

有益微生物制剂中的有益菌群是良好的免疫激活剂，通过其对机体本身免疫系统的刺激，可激发机体体液免疫和细胞免疫，使南美白对虾机体免疫力和抗病能力增强，防止南美白对虾体内有害物质的产生。直接饲喂活的微生物，可刺激南美白对虾肠道免疫器官发育，提高机体抗体水平。有益微生物种群在消化道内的繁衍，又能促进南美白对虾消化道内多种氨基酸、维生素等一系列营养成分的有效合成和吸收利用，为肠道提供营养，改善机体代谢机能，净化肠道环境，有效转化南美白对虾肠道、血液及粪便中有害物质的浓度，降低有害物质在机体内的累积，有利于南美白对虾机体的健康生长。

306 什么是光合细菌？

光合细菌（简称 PSB），是地球上出现最早、自然界中普遍存在、具有原始光能合成体系的原核生物，是在厌氧条件下进行不产氧光合作用细菌的总称，是一类以光作为能源、能在厌氧光照或好氧黑暗条件下利用自然界中的有机物、硫化物、氨等作为供氢体兼碳源进行光合作用的微生物。光合细菌主要分布于水生环境中光线能透射到的缺氧区，能够降解水体中的亚硝酸盐、硫化物等有毒物质，实现充当饵料、净化水质、预防疾病、作为饲料添加剂等功能。

307 光合细菌应如何使用？

光合细菌的适宜水温为 15～40℃，最适宜水温为 28～36℃。因而应在水温 20℃ 以上时施用，阴雨天勿用。全池泼洒光合细菌时，可以和颗粒型底改剂合用。光合细菌与有机肥或无机肥混合使用效果明显，但要注意水质较瘦时首先施用生物有机肥肥水，再施用光合细菌。此外，酸性水体不利于光合细菌菌种的生长，施用前先施用生石灰，待池水的 pH 提高至微碱性后再施用光合细菌。光合细菌施用次数应视水质而定，水质好可每隔 15 天施 1 次；水质较肥、较差，特别是养殖后期的高产池，每隔 7～10 天施 1 次。

308　什么是芽孢杆菌？

枯草芽孢杆菌是一种好氧的革兰氏阳性菌，广泛分布在土壤及腐败的有机物中，易在枯草浸汁中繁殖，故得名。它通过自身的分解代谢及产酶作用，大量消耗水体中的有机质，将其分解为小分子有机酸、氨基酸及氨，改善水质，为单胞藻提供营养；还可使肠道 pH 及氨浓度降低，产生较强活性的蛋白酶和淀粉酶，促进水产动物的消化；也能抑制病原菌的滋生和提高动物的免疫力。有研究表明，使用枯草芽孢杆菌后，水体中氨氮的最大降解率为 59.61%，亚硝酸盐的最大降解率为 86.7%。

309　芽孢杆菌应如何使用？

使用芽孢杆菌时，水温要保持在 25℃ 以上，因为芽孢杆菌是耗氧的，所以一定要先开增氧机才能使用。使用前把枯草芽孢杆菌放到池塘水里浸泡 3～5 小时，浸泡时需充气增氧。然后全池均匀泼洒，以晴天里使用为宜。塘底淤泥较多的塘可以加量使用，一般 7～10 天可以使用 1 次，高密度养殖的可以加量使用。

310　什么是水体分层现象？

通常物体具有热胀冷缩的性质，而水比较特殊，存在"异常膨胀"现象。即温度高于 4℃ 时，水热胀冷缩，随着温度的升高密度减小；温度低于 4℃ 时，水热缩冷胀，随着温度的升高密度反而增大。由于南美白对虾养殖水体温度高于 4℃，所以养虾池塘的水呈热胀冷缩现象。因此，接近池塘水体表层的水因热吸收快，水温就比下层高，水的密度也就比下层冷水小，池塘水体就出现了热分层。当上下层水体密度差达到风力和我们所提供的能量不足以使水体混合时，就会出现水体分层。

（2） 南美白对虾淡化养殖 500 问

311 水体分层有哪些不同的表现形式？

水体分层通常有两种表现形式。一种是轻微分层，即表层水体呈青绿色，但底层出现混浊，肉眼很难发觉。观察可见叶轮式增氧机打出的水花泛白或泛黄，提起饲料台（罾）会带出底层的水稍泛黄，饲料台（罾）上沾有不少泥垢；另一种是严重分层，即表层水体看起来呈深绿色或者青绿色，也有呈暗绿色的。观察可见增氧机特别是叶轮式增氧机打起的水花严重泛黄，甚至呈泥浆水的颜色，增氧机周围的水泡圈扩大且久久不散，水面漂浮一层油状膜，在下风区往往有条带状灰黄色的老化或者死亡的藻类聚集在一起。

312 为什么水体混浊和透明度低的池塘更容易出现分层？

水具有很大的持热能力。当太阳光线穿过水体时，其热能量被水体吸收，水温就升高。但因光能随深度按指数的形式被吸收，所以绝大多数热量就被上层水所吸收，留存在水体的上层，只小部分热量随光线或通过热传导到达水体下层，从而使得水体上层水温明显高于下层水温，尤其是当池塘水体因溶解有机物质和颗粒物质的浓度较高，导致的高混浊度以及藻类数量过多导致的低透明度，更使得能量的吸收大大提高，也即意味着更多的光线热能被吸收、留存在水体上层，使得上下层水温温差更大。换句话说，就是相同的能量被不同比重的水体所吸收，温度就会有差别，透明度低的水体其表层水温就相对高些。所以，水体混浊和透明度低（藻类丰富）的池塘，更容易出现水体分层。

313 为什么虾塘在季节交替时节容易出现水体分层现象？

这是因为春夏、夏秋、秋冬交替变更时节，昼夜气温变化很大，气压变化频繁，水体中藻类的组成会发生较大变化，由原来喜强光的藻类（如蓝藻、硅藻、裸藻类等），转向了喜中强光或者偏弱光的藻类（如金藻门藻类、黄藻门藻类、光甲藻等）。在此转变过程中，那些不能适应环境的藻类必定死亡，严重时可出现"倒藻"现象，引起有毒物质积累和水体缺氧等不良反应。在不稳定的客观环境下，如果养殖管理稍有不慎，就会引发水生生物的分布变化和水体其他指标的变化等一系列物理生化连锁反应，导致出现水体分层，并最终成为南美白对虾出现病理变化的诱因。

314 哪些虾塘水体更容易出现水体分层？

通常而言，池水过深的水体，投喂饲料过多的水体，活菌制剂施用过多的水体，养殖密度过大的水体，使用刺激性比较大的药物（如氯制剂、溴制剂、溴氯制剂等）的水体和以蓝藻为优势种群的水体，更容易诱发出现水体分层。

315 为什么说水深的水体更容易出现水体分层？

池塘水深的水体更容易出现水体分层。一是因为春夏、夏秋、秋冬交替季节，昼夜温差比较大。白天表层水体温度比较高，但底层水的温度比表层水的温度低好几度；而夜晚表层水体热量不断向外散发，到黎明表层水温又比底层水温低，表层水的密度比底层水稍大，形成一定规模的密度流。特别是在气压变化频繁风向多变的晴朗日子，比较容易出现"反底"而造成水体分层。二是连续晴天情况下，受太阳高温曝晒，表层水水温持续快速上升，底层水因池塘水深，难以被太阳照射，水温相对来说升温慢，再加上风力弱，池塘水体上下层交换困难，更加剧了上下层水体温差，形成水体分层。

316 为什么说投喂饲料过多的虾塘水体容易出现分层？

南美白对虾专用颗粒饲料中含有大量的蛋白质，投料过多，不但使得池塘底部残饵不断积累，且经过微生物参与的一系列生化反应，造成底部积累较多的有毒有害气体，各气体分压大于表层分压。同时，也使水体中有机物质和颗粒物质的浓度较高，导致的水体混浊度增加，从而"截留"更多的太阳光线热能在上层水体，造成上下层水体水温温差加大，在天气突变时更容易翻底，出现分层，危害养殖南美白对虾的健康。

317 为什么说使用活菌制剂过多的水体容易出现分层？

活菌制剂不管是液体发酵还是固体发酵，菌种基本上都脱离不了芽孢杆菌、硝化菌、酵母菌、乳酸菌等，这些菌作用于有机物的分解，必须消耗水体中的氧气。如果用菌量过大，特别是遇上阴雨天，很容易造成水体缺氧，尤其是底部缺氧更为严重，出现水体分层。在缺氧的环境下，南美白对虾和其他水生生物短时间内的活动量就会加大，又进一步造成底部水体混浊，诱发水体分层，严重的就出现对虾游塘现象的发生。

318 为什么说使用刺激性比较大药物的水体容易出现分层？

淡化养殖中最常用的药物是消毒药物，而消毒药物的刺激性作用，会使得南美白对虾在短时间内的运动量加大，增加水体混浊度，消毒药物也能抑制菌类的代谢繁殖。同时，藻类特别是偏老化的藻类也会受到一定程度的损伤，多种因素叠加，就很容易产生水体分层现象。通常，我们使用的消毒药物分子量越小，刺激性越大。常规的消毒药物如氯制剂、溴制剂、溴氯制剂等分子量比较小的消毒制剂，其刺激性都比较大；而像聚维酮碘、双链季铵盐及部分碘制剂分子量都比较大，属于比较温和的消毒药物。因此，在南美白对虾消毒药物的选择和用量上必须严加注意和控制，以使对虾有一个相对稳定的生活环境。

319　水体分层对南美白对虾有什么影响？

从物理方面考虑，分层的水体溶解氧也会出现分层。表层溶解氧比较高，但底层的溶解氧非常缺乏，底部还原性很强。在这种还原性的厌氧环境下，厌氧致病菌的生长繁殖速度加快，而南美白对虾却因应激反应，机体免疫力下降，出现游塘或疾病发生。同时，在还原性厌氧的环境下，氨或铵很难被氧化为硝酸盐供藻类利用，对氮循环造成很大影响。从生物方面考虑，分层的水体藻类多分布在表层，往往造成喜强光的藻类慢慢占据优势，并且藻类组成向单一化转变，不利于养殖环境的稳定。

320　怎样解决水体分层现象？

通过全天开启池塘的所有增氧设备，增加水体溶解氧，同时，用有机酸解毒剂解毒，用有益微生物制剂（如光合细菌、芽孢杆菌、EM 菌等）调水，并适当补充氧化剂，可有效解决水体分层。

321　为什么说养虾重在护底？

南美白对虾是底栖动物，塘底环境是南美白对虾整个生长环境的基础。池塘底质的好坏，不仅直接影响对虾的健康生长，更直接关系到养虾的成败。如果南美白对虾长期生活有池底污染严重的环境下，不但影响其体色与肉质，更重要的是底质污染严重会产生大量有害物质，极易滋生有害细菌，并大量繁殖引起南美白对虾疾病的发生，不利于其健康生长。而且塘底的好坏，对水质也构成直接的影响。所以，养虾应在改善池塘的底质上下工夫，注重护底。

322 为什么必须定期改良虾池底质？

南美白对虾养殖池经过一段时间的生产使用，许多残饵、粪便、死亡生物体等就沉入水底，经发酵分解后与池底泥沙等混合形成底泥。适量的底泥，能起到供肥、保肥及调节和缓冲池塘水质突变的作用。但是，过厚的底泥除了影响南美白对虾的生存空间外，还会积聚大量有机物，分解时又大量消耗氧气，导致水体下层长期缺氧，氨氮、甲烷、硫化氢等浓度过高，酸性增加，水质恶化，致病菌大量繁殖，可造成南美白对虾缺氧浮头、生长缓慢，诱发疾病暴发乃至死亡。因此，为充分发挥底泥积极的生态功能，抑制其消极作用，必须定期进行池塘底质改良。

323 怎样通过观察池塘生态表象判断底质变坏？

池塘底质变坏，可通过养殖池塘多种生态表象得以反映。如开增氧机时，产生的泡沫不易散开或泡沫发黄、发黑，并闻到臭味；池角泡沫发黄、漂浮物发黑、池水分层及水色不一致；池底冒气泡或有烟雾上升，特别是在清晨阳光照射下；水体 pH 早、晚基本无变化，长期低于 6.5 或高于 9.0；底泥有泥皮，并出现发黑、发臭现象；料台脏，底部附着胶着物或黑泥等。

324 改良底质在不同养殖阶段各有什么意义？

南美白对虾养殖，可分为放苗前、养殖前期、养殖中期、养殖后期等几个阶段。改良底质应根据南美白对虾不同的养殖阶段，采取相应的技术措施。放苗前通过对底质的处理，充分氧化塘底，增加底质的缓冲性，为其后的底质安全奠定基础，有效提高养殖期间底质安全；养殖前期因放苗前良好的底质处理所带来的缓冲效应，处于相对安全期，但要注意投饲管理，避免过度投饲造成饵料浪费、残饵过多，加重中后期底质压力；养殖中后期通过对底质改良，及时分解底质有机物，减少底部产生有害物质，降低底部耗氧，是底质改良的重点期。通过这些环环相连的措施，才能创造良好的底质环境，保障全养殖阶段的安全。

325 南美白对虾养殖池底质改良的方法有哪几种？

南美白对虾苗种放养前，完善的清塘工作和底质处理，以及养殖前期由于载虾量小、投饲量少、池塘自净压力小、缓冲能力强，底质就相对安全；而到养殖中后期，随着载虾量的增加、每天饲料投入量的增大、残饵和排泄物的增多，池底自净压力增加，需要增加人为的改底工作，以保证养殖安全。因此，通常说的底质改良，是指南美白对虾养殖中后期池塘的底质改良，它包括物理、化学和生物三种方法。

326 底质改良的物理方法有哪些？

底质改良的物理方法，主要包括机械增氧和人工搅底。增氧是底质改良重要的举措，特别是底部增氧，能有效分解沉积的残饵、排泄物、蜕壳、淤泥和藻类等有害物质，改善底质，激活底泥的生态功能。而叶轮式增氧机、耕水机又能打破氧分层，产生提水和混合水体的作用，有利于提高底部溶氧，加快有机物分解。增氧设备的配置，以混合式、立体式、最大程度促进底部增氧为依据，合理配置。人工搅底即每隔8～10天，选择晴天的上午用铁链或者特制的搅底工具进行拉底，将底部沉积的有机物搅动起来，以利于其氧化分解，同时释放其中的营养盐，供浮游植物使用。但应注意分区拉底，不能一次性将整个池底拉完，以防止有机物悬浮，大量耗氧，造成缺氧现象。

(327) 底质改良的化学方法有哪些？

底质改良的化学方法，主要指使用底改剂，包括颗粒型和粉剂两类。其中，氧化分解型颗粒底改剂，能氧化分解底部的有机物，提高池底的氧化还原电位，增加池底的缓冲性，去除氨氮、亚硝酸盐等有毒气体，尤其是硫化氢。特别是当底质长期处于不良状态、环境中的有害菌数量较多时，更应先用此类底改剂，把底部水体的有害物质降到一定浓度，再使用生物制剂，否则效果不大；吸附性粉剂底改剂，包括沸石粉、麦饭石粉等，能够吸附有毒有害物质沉到底部，起到水体净化的作用，但有毒有害物质并没有消除，治标不治本。因此，在实际使用时还要搭配氧化分解型的颗粒底改产品或者微生态产品，从根本上消除这些物质。

(328) 什么是底质改良的生物方法？

底质改良的生物方法，主要是定期投加异养型乳酸菌、芽孢杆菌、复合微生物菌群、益生菌等微生态制剂，另加腐殖酸、氨基酸、多糖、解毒免疫调节剂、矿物质等，充分利用复合微生物中各菌种的功能优势，发挥其协同作用，将残饵、排泄物、动物尸体等造成底质变坏的隐患及时分解消除。并改善水中及底质中的微生物优势群落，抑制有害病原微生物及其病害的蔓延扩散，以达到改良底质和水质的目的。

(329) 底质改良药物使用应注意哪些事项？

使用药物进行底质改良时，首先要对底质情况及池塘周围环境做全面的了解分析，而且改良剂的使用与水体中溶解氧有着密切关系。因此，使用时应注意天气、温度、溶氧、水质等情况选择合适药物，不得乱用药，盲目用药。一般要求先调水后改良，且在调水改良使用药物之前不得用杀虫剂、消毒剂。否则，不但没能达到改良底质的效果，反而治坏一塘池水，或者造成水的环境恶化而影响南美白对虾的健康生长发育。

330 什么是聚毒层？

在南美白对虾养殖池塘中，池塘底部有毒有害物质向上浮升、水体中有毒有害物质向下沉积，从而在池塘底部及中下层水体处交汇，形成了一个特殊的层面。在高密度养殖情况下，由于投饵多、排泄量大、藻类死亡、滥用絮凝性底改等因素，导致该特殊层面发热、发臭、泛酸、弧菌、嗜水气单胞菌等腐败菌大量繁殖，生物和化学耗氧量增大，亚硝酸盐、氨氮等有毒物质严重超标，成为原生动物、细菌、病毒的滋生地，被通俗地形容为"聚毒层"。由于该层面恰恰是对虾的核心生活区，因此，必须及时消除"聚毒层"，否则黑鳃、黄鳃、甲壳溃疡、白浊、偷死等各种对虾病害就会随之而生。

331 养殖水体需要解毒吗？

近年来，不少水产养殖户反映南美白对虾养殖越来越难，病害越来越多。这虽然与广大养殖户片面追求高密度不无关系，但根本的原因在于随着各地工业化进程不断加快，水源污染越来越严重，而且不单单是外源水源污染，池塘本身的污染也在随着养殖的进行而快速累积。养殖过程中出现或可能出现的各种毒害，如重金属中毒、消毒杀虫灭藻药中毒、亚硝酸盐中毒、硫化氢中毒、氨中毒、饲料霉变中毒、藻类中毒等。如果不注重在养殖的过程中定期排解毒素，池塘的生态系统早晚会崩溃，养殖肯定会失败。

332 怎样才能降解池塘水体毒素？

降解池塘水体毒素，主要做好以下四方面的工作：一是使用整合剂螯合、钝化降解，如有机酸解毒剂、EDTA 等；二是用强氧化剂氧化分解，如过铝酸氢钾等；三是用微生物"净水分解菌"转化分解，如 EM 菌、光合细菌、芽孢杆菌；四是用增氧颗粒增加水体溶氧等。

333 "水蛛"有什么危害？

水蛛（轮虫、枝角类、桡足类等）一般在水体富营养化和有较多浮游生物的环境中会大量繁殖，在水产养殖过程中通常被当作生物饵料和虫害杀灭对象。水蛛如果大量繁殖，不仅自身会消耗掉水中的氧气，同时它们大量摄食浮游植物，使水色掉肥，透明度变大，进一步降低水体溶氧。而且对虾养殖池塘中大量存在水蛛，也会直接造成虾苗生长速度减慢，投苗存活率下降，对养殖生产造成直接危害。

334 如何避免肥水过程中"水蛛"的产生？

"水蛛"的大量繁殖，主要是受其食物来源的影响，除因小型藻类较多之外，也与肥水不当或放苗后水质变清有关。另外，水体中有机物悬浮过多、过多使用不可溶性有机肥，也可以加速"水蛛"的产生。因此，为避免"水蛛"的产生，肥水时应尽可能选择可溶性有机肥；利用水蛛喜在池塘边缘大量聚集的特点，在放苗前，选择在早晨太阳未出前，用 50% 的三氯异氰尿酸（用量为 0.1 千克/亩）（1 米水深）沿塘边化水泼洒 1～2 次，予以杀灭；在水温较高时，投苗后如发现池塘水蛛较多，可停料

2~3 天，利用对虾摄食来清除水蛛或把试水放苗的时间略予提前；先按 1 千克/亩（1 米水深）施用有机酸解毒颗粒解毒，再用 1.0~1.5 千克/亩（1 米水深）的底改菌（复合微生物）、2.0~3.0 千克/亩（1 米水深）的腐殖酸钠浸泡过夜，翌日中午泼洒。

(335) 高温季节虾塘塘底温度高怎么办？

虾塘塘底温度过高，细菌的繁殖速度加快，易造成塘底缺氧。表现为虾吃料减慢，易反底，塘底毒素积累大，虾易出现肿鳃和黑鳃。解决塘底温度高的主要方法，就是强化底改，适当增加底排，加大换水量，提高水位；增加底增氧的有效供给；按要求配置足额增氧机，延长增氧机开机时间，增强水体通透性，打破温跃层，促使池底热气挥发；将 1~2 千克/亩（1 米水深）的强力底改菌（复合微生物）＋2~4 千克/亩（1 米水深）的腐殖酸钠浸泡发酵 4~6 小时后，全池泼洒。采取以上综合措施，可达到增加塘底氧气，抑制底层细菌的生长，达到解底毒、降底温的目的。

(336) 养殖中后期南美白对虾为什么易跳水？

这是由于经过较长时间的养殖阶段后，在养殖中后期，养殖池塘底部生态环境逐渐恶化，底层毒素增加，底质变坏，南美白对虾就会因塘底溶氧量缺少而引起跳水。另外，南美白对虾在应激时也易出现跳水，一般这种情况都伴随有虾体发白、呈"弯弓"等现象。通用的解决方法是，用 1.0~1.5 千克/亩（1 米水深）的强力底改菌（复合微生物）＋2.0~3 千克/亩（1 米水深）的腐殖酸钠，再加 1 千克/亩（1 米水深）红糖混合发酵 4~6 小时后，全池泼洒，以改善养殖池底质。并适当增开增氧机，同时加强养殖生产管理，避免产生应激反应。

(337) 暴雨对南美白对虾养殖有什么危害？

暴雨可直接影响南美白对虾养殖池塘的水体水温、盐度、pH、溶解氧等理化因子，造成浮游生物死亡，引起菌相、藻相变化。改变池塘水体原有的生态平衡和稳定，造成养殖池塘底质恶化，引起氨氮、亚硝酸盐、硫化氢等有毒有害物质迅速增加、致病菌快速大量繁殖、有害藻类大量繁殖以及南美白对虾生理功能紊乱，使其处于应激状态，诱发南美白对虾疾病暴发。严重时可造成南美白对虾死亡，给养殖生产带来极大危害。

(338) 暴雨前后对养殖池塘菌、藻有什么影响？

暴雨前，由于气压低、天气闷热，使得池塘溶解氧迅速下降，致使养殖南美白对虾和其他水生生物处于缺氧不适状态，一些菌类、藻类等开始出现死亡；暴雨时，水温急剧下降，光照减弱，菌、藻等微生物出现大量死亡，藻、菌相出现转换，平衡破坏，池塘的微生态结构发生急剧变化，引发南美白对虾的"应激"反应；暴雨后，天气晴热，由于缺少有益藻类的抑制作用，池塘中蓝藻就大量繁殖，加上死亡微生物的腐败，导致池塘水质变差，甚至恶化，极易诱发南美白对虾的疾病暴发。

(339) 暴雨为什么会引起南美白对虾应激反应？

因雨水温度较低，暴雨会导致养殖池塘水体上层水温迅速下降，密度增大，尤其是在夏季中午时，可引起上层水与下层水的对流，池底的腐殖质被翻起而加速分解，消耗大量氧气，造成养殖池塘底质恶化，引起有毒物质的毒性迅速增加，进而影响浮游生物和水质，引起南美白对虾应激。而且雨水的 pH 往往在 7.0

左右，遇上酸雨其 pH 就更低。因此，暴雨使得池塘中水体的 pH 突然下降，引起水体的各种化学成分发生变化。随着 pH 变化范围的增大，其对南美白对虾的应激影响强度也增大。而池塘水温、pH 的迅速变化，加之作为纯淡水的雨水对池塘水体盐度的改变，会使池塘中藻类和菌类的繁殖、生长出现应激，导致原来占据优势种群的有益藻类出现死亡，破坏藻相平衡，也使藻类分泌的抑制细菌生长的类抗生素物质急剧减少，致病菌迅速大量繁殖，容易引发南美白对虾应激反应和疾病发生。

340 养殖期间遭遇暴雨应采取什么措施？

如遇暴雨，应立即采取应对措施。做到池水满排及时，既确保池水尽可能高位，增强缓冲能力，又注意及时排涝，避免池水外溢，使南美白对虾逃逸；雨前控食停料，雨后减量提质，避免增加池塘有机物耗氧量，可适当添加维生素 C 或免疫多维，增强南美白对虾体质，提高抗病力；尽快测定池水的 pH，如降到 8.0 以下，则用生石灰调节；投放沸石粉 25 千克/亩（1 米水深），以吸附有毒有害物质，维持池塘藻、菌相稳定；可全程开启增氧机，增加水体溶解氧，以防池水分层、对流现象发生，并在暴雨后投放光合细菌 2.0～2.5 千克/亩（1 米水深）；暴雨过后，先投放腐殖酸钠或聚合氯化铝以净化水质，再施用颗粒增氧剂或增氧型底质改良剂，防止大量物质沉积到池底而影响南美白对虾；如果天气转晴朗，可施用芽孢杆菌制剂和无机养殖专用肥，加强浮游生物和藻类培养。

341 为什么说暴雨前后应及时开机增氧？

由于暴雨前气压低，池塘溶解氧迅速下降，易使养殖南美白对虾和其他水生生物处于缺氧不适状态；而暴雨持续时，浮游生物光合作用变得微弱，水体理化因子变化却很大，导致部分藻类死亡及上下水层对流，易引起池底严重缺氧，造成氨氮、亚硝酸盐因氧化不完全而蓄积、致病菌大量繁殖，加之南美白对虾因缺氧而免疫力下降，极易诱导疾病暴发。因此，在暴雨或大雨前中后，应及时开起增氧机，增加池塘水体溶氧量，促使池塘水体迅速混合，避免水体出现强对流的现象，打破水体盐度、水温分层现象，使水体上下层有充足的氧气，满足池塘微生物和养殖南美白对虾对氧气的生活需求，减少南美白对虾应激反应。

五、淡化养殖投饲管理

南美白对虾养殖投饲管理，就是在南美白对虾养殖生产过程中，根据南美白对虾不同生长发育阶段科学地选用饲料、添加不同剂量和品种的营养元素，采用科学投饲方法，正确运用饲料添加剂，促进虾体健康生长，降低生产成本，提高经济效益。同时，有效的投饲管理能够降低饵料系数，提高饵料利用率，减少残饵和南美白对虾排泄物的生成，缓解底质的恶化，促进水质的稳定和养殖生态环境的改善，是南美白对虾淡化养殖的关键环节，决定着对虾淡化养殖的成败和效益的提升。

342 南美白对虾生长需要的基本营养元素有哪些?

南美白对虾生长和生理活动所需的基本营养元素，包括蛋白质、必需氨基酸、糖类（碳水化合物）、脂类、胆固醇、磷脂、维生素、类胡萝卜素及钙、磷等矿物质元素。

343 南美白对虾对蛋白质有什么需求?

南美白对虾对饲料蛋白质的需要量，与南美白对虾发育阶段、蛋白质的品质及来源、氨基酸组成、饲料中非蛋白质能量及养殖温度的不同而有差异。当饲料中蛋白质不足，无法满足南美白对虾生长与代谢对蛋白质的需要时，就会影响南美白对虾生长和免疫抗病能力，南美白对虾就生长缓慢；当饲料中蛋白质过高时，南美白对虾生长也会受到抑制。一方面吸收的过量蛋白质需要耗能代谢排出体外，蛋白质利用率降低；另一方面，水体氨氮、亚硝氮浓度迅速升高，接近或超过安全浓度上限，使得长期处于有害氮胁迫下的对虾生长缓慢。

344 蛋白质对南美白对虾有什么作用？

蛋白质是南美白对虾机体构造生长和多种生理活动所需要的主要营养物质。由于蛋白质不断地被南美白对虾用来进行生长和组织修复，所以必须不断提供蛋白质或其组分氨基酸。如果没有足够的蛋白质，对虾就无法维持正常的生命活动，引起一系列的生理生化障碍，内分泌失调，功能受到破坏，有机体内许多活性物质，如胆碱、乙酸胆碱、酶系统的合成就会受到损失，使南美白对虾的生长停滞，严重的甚至导致死亡。

345 为什么说南美白对虾对蛋白质的需要实质是对氨基酸的需要？

蛋白质是由 20 多种氨基酸组成，其中，有 10 种是南美白对虾不能自身合成的，必须从饵料中获得，称为必需氨基酸。只有这 10 种必需氨基酸含量都充足具备时，南美白对虾才能将从饵料中获取的蛋白质消化成肽、氨基酸等小分子化合物，并最终转化为自身所需的蛋白质。由于必需氨基酸之间的相互影响，故各种必需氨基酸之间需保持合适的比例，方能满足蛋白质的合成要求。饵料中蛋白质的氨基酸组成比例越接近虾体蛋白质的氨基酸组，越容易被虾体充分利用，其营养价值就越高。因此，南美白对虾对蛋白质的需要实质是对氨基酸的需要。如果各种必需氨基酸的比例不均衡，那么南美白对虾对饵料的利用率就会大大降低，并最终影响其生长和生命。

346 南美白对虾生长需要的必需氨基酸有哪几种？

　　氨基酸是构成南美白对虾机体蛋白质不可缺少的物质。而构成南美白对虾机体蛋白质的 20 多种氨基酸中，一部分可在机体内合成，另一部分氨基酸在虾体内不能合成或合成速度很慢，满足不了南美白对虾的营养需求，必须从食物中得到，称之为必需氨基酸。南美白对虾生长所需的必需氨基酸，有精氨酸、组氨酸、赖氨酸、亮氨酸、异亮氨酸、蛋氨酸、苯丙氨酸、苏氨酸、色氨酸和缬氨酸等 10 种氨基酸。其中，以苏氨酸、赖氨酸、精氨酸、蛋氨酸尤为重要。南美白对虾用于机体增长的必需氨基酸来源于饲料。

347 南美白对虾饲料的蛋白质含量多少比较合理？

　　与其他虾类相比，南美白对虾具有生长快、养殖周期短的优势，也使得其生理代谢相对旺盛，必须保证足够的蛋白质，以维持正常的生命活动。因此，南美白对虾养殖需要用含有较高优质蛋白质的饲料，否则容易诱发疾病产生。但过高的蛋白质含量，不仅提高生产成本，而且不利于水质管理。由于饲料蛋白质的品质以及饲料中能量的差异，大多数人认为，南美白对虾最适合的蛋白需要量为 30％～40％。因考虑入水后蛋白质的散失，目前市场上主流的，南美白对虾饲料蛋白含量一般为 35％～42％的略高水平。通常而言，养殖前期可以使用高蛋白饲料促生长、保健康，后期转用低蛋白、高消化率饲料，以减少肠道的负担和环境压力。

348 南美白对虾淡化养殖与海水养殖对蛋白质要求有什么差异？

　　在不同的盐度水平下进行南美白对虾养殖时，饲料蛋白质作为能源来利用的情况有所不同。适应低盐度或淡化养殖的南美白对虾与适应高盐度养殖的南美白对虾相比，有更高的氨氮排泄量，意味着两者在蛋白质利用率方面存在差异。研究表明，盐度可通过影响蛋白质消化率，影响南美白对虾对蛋白质的利用。这是由于水生动物在低渗的水环境中生活，会比在等渗环境消耗更多的能量用于调节渗透压平衡。因而在饲料的能值一定时，适当多增加碳水化合物，减少蛋白质，有利于南美白对虾生长。因此，随着盐度的降低，碳水化合物提供能量的比例增加，南美白对虾最适蛋白需要较低，即南美白对虾淡化养殖相对于海水养殖，对蛋白质的需求会低一些。

349 南美白对虾对糖类有什么需求？

比较而言，糖类是最廉价的能源物质。而饲料中的非蛋白质能源不足，会引起蛋白质作为能量代谢物而被消耗。研究表明，在饲料中以葡萄糖作能源，南美白对虾的生长受抑制；而以淀粉作为能源，南美白对虾的日增重未见减少。这表明南美白对虾对单糖的利用率较低，对复合多糖的利用率较高，但其具有种类和数量差异。而且，在南美白对虾幼体阶段因糖类消化酶分泌不足，其饲料中糖类含量应适当降低。随着生长发育的进展，饲料中糖类含量可以逐步增加。总体上，南美白对虾利用糖类的能力较弱，饲料中糖类相对来讲只要不缺即可，不需要很多。过多的糖类不仅不能被吸收，还会影响虾体健康。

350 糖类对南美白对虾有什么作用？

在南美白对虾的营养物质当中，糖类扮演着很重要的作用，它可以经过氧化分解为南美白对虾提供大量的能量，满足南美白对虾生存的必需条件。同时，也能转化为其他物质被南美白对虾吸收利用，如蛋白质、脂肪等。南美白对虾对糖类的需求虽然不多，但饲料中必须含有适量的糖类，以维持机体正常的生理功能。如糖类的代谢终产物——葡萄糖，是维持虾类脑细胞和神经组织的主要能源，也是合成生物体的重要中间代谢产物，包括虾的外壳、核酸、RNA、DNA 和分泌的黏液等。可见，糖在南美白对虾生命当中起到了很关键的作用。

351 在南美白对虾养殖过程中常用的糖类有哪几种？

在南美白对虾养殖过程当中用到的糖类，主要是以单糖、低聚糖、多糖三种形式存在。单糖，即是具有独立性质的糖，不能被水分解为更小的分子，是构建低聚糖、多糖的最基本单位，常用的有葡萄糖、核糖等；低聚糖，是有 2 个或者 2 个以上单糖单位组成的一种糖类，其遇水可以化为 2 种或者 2 种以上的单糖，常用的有蔗糖、麦芽糖等；多糖，是一种高分子聚合糖，遇水可溶解为多种单糖（以葡萄糖最为常见），常用的有淀粉、纤维素等。一般来说，高含量的单糖对南美白对虾的生长起到一定的抑制作用；而双糖、多糖就能很好地被虾利用。有些糖类（如糖原），在天然饵料中含量丰富，南美白对虾可以通过摄食天然饵料获取，不用人为地在饲料中添加。

352 影响南美白对虾对糖类吸收利用的因素有哪些？

目前，普遍认为环境因子盐度、温度、溶氧、pH 等，可通过影响虾类的能量代谢，进而影响虾类对糖类的需求与利用，而养殖水体盐度，对南美白对虾对糖类的营养需求、吸收利用有较大影响。一般低盐度条件下，南美白对虾利用糖类作为能源的比例上升，但仍不能取代蛋白质的地位，而且在糖类含量高的情况下，南美白对虾的生长速度反而下降。另外，南美白对虾的放养密度，饲料的适口性、溶失性、投喂次数等，也是影响南美白对虾对糖吸收的重要因素。

353 南美白对虾对脂类有什么需求？

脂肪是南美白对虾生长发育过程中所必需的能量物质，可提供南美白对虾生长所需的必需脂肪酸、胆固醇和磷脂等营养物质。饲料中脂肪含量不足或缺乏，可导致南美白对虾代谢紊乱，饲料蛋白质利用率下降，同时，还可并发脂溶性维生素和必需脂肪酸缺乏症。但南美白对虾体内脂肪代谢能力较弱，过多的脂肪会影响其生长，一般其适宜含量为 6.0%～7.5%。

354 南美白对虾对胆固醇和磷脂有什么需求？

胆固醇是南美白对虾生长所必需的，这可能是甲壳动物脂肪营养最为独特的一个方面，其具体添加量尚未见报道。但根据一些研究结果来看，南美白对虾饲料中胆固醇的添加量以 1% 左右为宜。虾饲料中需要磷脂特别是磷脂酰胆碱，在所报道的各种对虾饲料中磷脂的添加水平变动范围为 0.84%～1.25%。依此推测，南美白对虾饲料中磷脂的添加量在 1% 左右为宜。

355 南美白对虾对矿物元素有什么需求？

矿物质如钙、磷、铁、锰等，是构成虾体与调节功能的重要物质。如钙是构成虾壳的重要成分，铜是血清素的原料，钴是构成维生素 B_{12} 的原料等。虽然南美白对虾能从水环境中通过鳃、体表、肠直接吸收矿物质，然而，在低盐度或淡水养殖模式下以及集约化养殖模式下，水环境中的矿物质元素含量远远不能满足其需要，许多矿物质必须从饲料摄食过程中进一步得到补充。然而，饲料中添加矿物质过多，反而会引起南美白对虾慢性中毒，并通过虾体富集作用而危害人体健康。因此，南美白对虾对矿物质需求量不是很大，一般对虾配合饲料中复合矿物质添加量为 1%～2%。

356 养殖过程中为什么要补充矿物质？

在南美白对虾养殖期间定期补充矿物质，既是为了满足南美白对虾养殖池塘水体中藻类生长对钙、镁、磷、钾等矿物质的需要，保持藻相稳定，又是为了满足南美白对虾养殖水体需要多种微量矿物质，以维持一定的总碱度和硬度。又因矿物质不能在南美白对虾体内合成，必须全部来自饲料或外部环境。但由于南美白对虾生长过程中蜕壳频繁，造成一些矿物质反复损失，还有一些经过机体代谢产物排出体外。因此，为确保南美白对虾蜕壳、蜕壳后硬壳及其机体许多酶、神经、肌肉活动的需要，必须通过补充外来钙、镁、磷等常量元素来强化。

357 南美白对虾对钙有什么需求？

钙是虾壳的重要组成成分，南美白对虾需要从饲料和水体中大量吸收钙元素，进行体内积累，保证蜕壳顺利进行，使壳不断硬化，并通过蜕壳促进增长、增重。若南美白对虾体内钙储备不足，会导致其软壳、蜕壳缓慢或蜕壳不遂，引发南美白对虾体质虚弱，生长速度减缓，甚至死亡。一般养殖期间补钙，为前期 3 天一周期、中期 5 天一周期、后期 15 天一周期，并适量增加补钙量。每次补钙不宜过多，且注意提前补钙，保证对虾蜕壳的生长需求。规律性补钙，不仅能促进对虾蜕壳、硬壳，还能够具有抵抗疾病、增强虾体免疫力的功效。

358 南美白对虾养殖过程中补钙有什么作用？

钙不仅是虾壳的重要组成成分，也是植物细胞壁的重要组成成分，维持水体硬度的重要指标。钙离子又是重要的神经传导介质，对南美白对虾体内蛋白质的合成与代谢、碳水化合物的转化、细胞通透性均有重要作用，也有利于维护藻类生长和藻相平衡，增强水体缓冲性能，促进有益微生物繁殖生长，加快有机物分解矿化，加速植物营养物质循环再生，维护水体稳定，而且能促进南美白对虾蜕壳固壳，增强抗应激、疾病能力。因此，南美白对虾整个育苗、养殖期间，都离子不开"补钙"这一重要环节。

359 暴雨过后为何要补钙镁等矿物元素？

由于雨水本身钙镁浓度低于 10 毫克/升，其进入池塘后会对池塘钙镁产生稀释作用，再加上雨后对虾往往应激蜕壳，就会导致池塘水体钙镁浓度的大幅度下降，造成南美白对虾蜕壳不遂、硬壳困难，免疫防线遭到破坏，易被弧菌感染，甚至直接死亡；雨过天晴后南美白对虾活力差，身体色素斑点多，加料慢，影响生长；池塘倒藻倒菌，稳定系统遭到破坏，出现继发性藻中毒、缺氧等；池塘钙镁不足，南美白对虾更容易重金属中毒，菌体及南美白对虾自身相应的调节酶构建异常；池塘缓冲系统破坏，天气转好后 pH 会出现不稳定状态。因此在暴雨前，水体及时补充以钙镁为主的矿物元素，增强水体缓冲力，减小暴雨造成水体钙镁硬度突然下降；暴雨后再次补充，快速恢复藻相，满足南美白对虾矿物元素的吸收，及时硬壳，恢复体能。

360 南美白对虾对维生素的需求如何？

维生素对维持虾类代谢和生理功能有着其他营养物质不可代替的重要作用。维生素有多种，饲料中一种维生素或多种维生素缺乏，都会引起虾体代谢障碍，生长迟缓，抗病力下降。研究表明，饲料中缺乏维生素 C，则南美白对虾生长显著缓慢，存活率显著降低，而且体重小的比体重大的更为敏感；而维生素 E，则能显著促进南美白对虾生长。虽然维生素对虾类来说必不可少，且大部分维生素不能在虾体内合成，必须从食物中获取。但虾对饲料中维生素要求不高，一般各种虾类配合饲料中添加 1％ 的复合维生素，即可满足虾的生命需要。

361　南美白对虾对类胡萝卜素的需求如何？

β-胡萝卜素、虾青素等类胡萝卜素，可提供一定量的维生素 A，是南美白对虾配合饲料中维生素 A 的重要来源，具有着色作用，可改善南美白对虾外壳的色泽，提高其商品价值。特别是虾青素，具有较一般类胡萝卜素更强的抗氧化性，可以显著提高南美白对虾幼虾的生长率、成活率和饲料转化率。在饲料中添加 100～150 毫克/千克的虾青素，有效增加对虾体内虾青素的含量，进而提高对虾的抗应激能力。因此，虾青素常被作为营养和免疫性饲料添加剂，用以提高南美白对虾的成活率、抗应激能力，进而促进其生长、繁殖和发育，促进亲虾的性成熟和增加产卵量。

362　在南美白对虾的生长中还需要哪些其他营养成分？

在满足以上南美白对虾生长所必需的基本营养元素需求后，一般已不需要其他更多的营养成分。但在中后期养殖过程中，往往会在饲料中添加一些免疫增强剂等。尽管这不是对虾必需的营养素，但如果在饲料中适量添加合适的免疫增强剂，往往可以获得意想不到的效果。既能提高南美白对虾的成活率，又能显著促进其健康生长，同时减少药物的用量。如 β-葡聚糖等都能提高南美白对虾的免疫力，在感染白斑病毒后能延缓死亡20～30 天。

363 南美白对虾在各生长阶段对食物营养需求有何不同？

不同发育阶段的南美白对虾，对营养需求是不一样的。仔虾期（体长 0.4～4.0 厘米）要求营养全面、蛋白质含量较高和容易消化的食物，养殖过程中应多投喂活卤虫、淡水枝角类（鱼虫子）或投蛋白质含量在 43% 以上的优质配合饲料；幼虾期（体长 4.0～12.0 厘米）随着生长，消化能力和适应性逐渐增强，食性范围扩大，对蛋白质的需求下降，通常饲料蛋白质的含量达 35% 左右，即可满足基本的营养需要。由此可见，南美白对虾幼虾初期饲料的蛋白质含量要高，后期可适当降低。

364 什么是饲料添加剂？

饲料添加剂，是指在饲料加工、制作、使用过程中添加的少量或者微量物质，是为了弥补配合饲料的缺陷和某些特殊需要，向配合饲料中人工另行添加物质的总称，包括营养性饲料添加剂和一般饲料添加剂。

365 饲料添加剂有哪几种？

饲料添加剂按添加的目的和作用机理，可分为营养性和非营养性两大类。营养性添加剂有氨基酸、维生素、矿物质等。非营养性添加剂又有很多种，如药物型添加剂，主要有抗生素、驱虫类和中草药等成分，用于防病抗病；诱食剂，用于增进养殖对象的食欲，或者在转食时促使养殖对象快速适应；黏合剂，用于维持饲料在水中的稳定性；着色剂，可以促使养殖对象色泽改观，产品质量得到改善；抗氧化剂和防霉剂，能防止饲料品质下降；水质改良剂，有益生素、光合细菌（PSB）、酵菌素（EM）等，用于调节水质。饲料添加剂可按作用效果，分为开胃、抗病、抗应激与促生长等几类，具体有复合氨基酸、赖氨酸、复合纤维素、矿物质、诱食剂等。饲料添加剂的使用，必须符合《饲料和饲料添加剂管理条例》的相关规定。

366 **什么是《饲料和饲料添加剂管理条例》？**

为了加强对饲料、饲料添加剂的管理，提高饲料、饲料添加剂的质量，保障动物产品质量安全，维护公众健康，1999 年 5 月 29 日中华人民共和国国务院令第 266 号发布实施了《饲料和饲料添加剂管理条例》。此后，根据国务院有关决定多次予以修订，现行版本为 2017 年 3 月 1 日根据《国务院关于修改和废止部分行政法规的决定》第四次修订后实施。该《条例》分总则，审定和登记，生产、经营和使用，法律责任，附则，共 5 章 51 条。

367 **什么是《饲料添加剂安全使用规范》？**

为切实加强饲料添加剂管理，保障饲料和饲料添加剂产品质量安全，促进饲料工业和养殖业持续健康发展，根据《饲料和饲料添加剂管理条例》有关规定，农业部于 2009 年 6 月 18 日公告发布了《饲料添加剂安全使用规范》，后经修订以中华人民共和国农业部公告第 2625 号于 2017 年 12 月 15 日修订发布，并于 2018 年 7 月 1 日起施行。

368 **饲料中使用添加剂有何作用？**

添加剂的作用，有补充饲料营养组分的不足；防止饲料品质的劣化；改善饲料的适口性和动物对饲料的利用率；增强饲养动物的抗病能力，促进饲养动物正常发育和加速生长、生产；提高饲养动物产品的产量和质量等。添加剂作为特殊物质，其用量极少，一般按配合饲料的百分之几到百万分之几（毫克/千克）计量，但作用极为显著。根据报道，认为添加后能使饲料效率提高 5%～7%，有时可提高 10%～15%。

369 蜕壳与生长有什么关系？

南美白对虾和其他甲壳动物一样，属于阶梯式生长的类群。每一次蜕壳都会使身体快速增长，而蜕壳后至下一次蜕壳前（蜕壳间期），身体的大小几乎很少会有变化。因此从这个意义上说，蜕壳即意味着生长。或者说，南美白对虾如果要生长，就必须依靠蜕壳来完成。且每次蜕壳时，其体长的百分比增加随身体的大小而变化。如体长 10～11 厘米前的幼虾期，每次蜕壳后体长增加的百分比大；而体长 11 厘米以后的成虾期，每次蜕壳后体长增长的百分比就小。而蜕壳间期却随对虾大小的增加而增加。南美白对虾蜕壳一般都在晚上进行。

370 为什么说蜕壳是南美白对虾生长的标志？

南美白对虾的变态和生长发育，总是伴随着幼体的不断蜕皮和幼虾的不断蜕壳而进行。蜕壳是南美白对虾机体组织生长及营养物质积累到一定程度时的必然结果。正常情况下，每蜕壳 1 次，虾体就会有明显增长，且蜕壳的同时还可以蜕掉附着在甲壳上的寄生虫和附着物，并且使残肢再生。但当营养不足时，南美白对虾蜕壳后反而会出现负增长。因幼体的外壳薄而软，一般多称之为"皮"；随着生长发育外壳增厚变硬，在幼体期以后就称之为"壳"。由于四个幼体期的幼体在形态上存在很大的差异，因此又把幼体的蜕皮称为"变态蜕皮"。每次蜕皮后不仅体型增大，而且形态也有很大的变化。幼体经多次蜕皮成为幼虾后还要继续蜕壳，才能长成成虾，这个阶段的蜕壳又称为"生长蜕壳"。

因此，蜕壳是对虾生长的重要标志。

 环境因子对南美白对虾蜕壳有哪些影响？

　　南美白对虾蜕壳常常受环境因子的影响。通常随水温升高，南美白对虾代谢加快，蜕壳频率增加，生长加快，但水温过高会延缓蜕壳，且水温过低或突变会阻碍其蜕壳；饲料质量差或投喂量不足、营养不良、水质恶化或水质突变等，都会阻碍南美白对虾蜕壳，即便勉强蜕壳，其体长和体重却并不增加，有的甚至还会出现负生长，或者因蜕壳不遂而导致死亡；淡化养殖或低盐度水体中南美白对虾的生长速度略慢于在海水中的生长速度；光照过强或水的透明度过大，水清见底，会使南美白对虾整天在池内乱游而影响蜕壳，甚至不蜕壳或发生疾病，而持续阴雨，光照不足也会抑制其蜕壳；放养密度过大，相互干扰，摄食不均，会延迟蜕壳时间或蜕壳不遂而死亡；乱用抗生素等药物或施药量过大，会影响南美白对虾蜕壳或产生不正常现象。

372 **怎样才能促使南美白对虾正常蜕壳生长？**

　　采用健康养殖方式，使用优质的全价配合饲料，从根本上满足虾类的营养需求，是促进南美白对虾正常蜕壳生长的根本。但因南美白对虾蜕壳常常受环境因子的影响，因此在养殖过程中，可通过人工调节为其正常蜕壳提供良好条件。如反季节养殖，在春季、冬季时可通过加热或大棚保温措施，提高或保持养殖水体水温，确保南美白对虾正常蜕壳或缩短蜕壳周期；盛夏高温时，可适当增加排水注水量和换水频率，既保持适宜水温，又可刺激蜕壳；加强水质调控，定期施用微生物制剂，保持水体菌藻平衡、水质稳定、溶解氧充足，可有效促进南美白对虾蜕壳；根据养殖基础条件，合理控制放养密度，科学投喂，并根据南美白对虾生长情况，适时适量施用饲料添加剂、免疫增强剂等，确保其良好的营养，能促使其正常蜕壳生长。

373 什么是饵料系数与投饵系数？

饵料系数和投饵系数是两个概念。饵料系数是南美白对虾养殖生产中衡量饵料质量和饲喂效果的一个常用指标。某种饵料的饵料系数，指南美白对虾每增重 1 千克所投喂该种饵料的千克数，即被摄食饵料的总摄食量与南美白对虾所增加的体重，即净增肉重量之比。但在实际养殖生产中，饵料系数常指总投饵量与对虾总收获量之比，其含义已与前者不同，不仅取决于饵料的质量、对虾的遗传性和生理状态，而且还受投饵环境、投饵技术的影响，是南美白对虾养成管理的一个综合指标，所以又称做"投饵系数"，以示区别。

374 饵料系数与对虾个体大小有关吗？

饵料系数与对虾个体大小有关。对于同一种饵料而言，小虾的饵料系数低，大虾的饵料系数高。这可能是与大虾的基础代谢高、生命活动过程中能量消耗较多、摄取的营养用于生长的比率相对较低有关。

375 饲料质量会影响饵料系数吗？

饲料质量的好坏，直接影响着南美白对虾的生长和健康，也直接影响着饵料系数的高低。饲料质量好，南美白对虾摄食后的利用率、转化率都高，生长增重快速，饵料系数就低；反之，南美白对虾对饲料的吸收利用效果就差，饵料系数就高。饲料营养全面，使得南美白对虾健康状况良好，机体抗病能力强，成活率较高，其饵料系数就较低；反之，饲料营养配方不全，营养性差，南美白对虾营养不足，其抗病能力较弱，导致患有某些疾病，甚至死亡，成活率较低，其饵料系数则高。

376 影响投饵系数的因素有哪些？

投饵系数除与饲料质量、南美白对虾对饲料的利用能力有关外，还与投饵技术、水体环境、水质条件等有关。如饲料投喂过量，南美白对虾不能完全摄食，造成饲料浪费，投饵系数就升高；相反，如果投饵量过少，南美白对虾所摄取的营养仅够维持其机体蛋白质更新和基础代谢，造成南美白对虾不生长或生长减慢，其产量必然下降，投饵系数必然上升。养殖水体中饵料生物数量越多，即南美白对虾的适口天然饵料越多，需投喂的配合饲料就越少，投饵系数就越低；水体环境差，池塘内敌害争食生物数量多，南美白对虾实际摄食的饵料量相对减少，投饵系数则高。水质条件不佳，南美白对虾体重增长减慢，甚至投了饲料也不吃，投饵系数也会升高。疾病及敌害生物等因素引起南美白对虾死亡，产量降低，投饵系数就增加。因此，可以说投饵系数除与饲料质量有关外，更与管理水平有关。

377 什么是配合饲料？

配合饲料是指根据动物的不同生长阶段、不同生理要求、不同生产用途的营养需要，以饲料营养价值评定的实验和研究为基础，按科学配方把多种不同来源的饲料和饲料添加剂，依一定比例均匀混合，并按规定的工艺流程生产的饲料。

378 配合饲料可分为哪几类？

配合饲料按营养成分和用途，可分为全价配合饲料、浓缩饲料、精料混合料、添加剂预混料、超级浓缩料、混合饲料等；按饲料形状，可分为粉料、颗粒料、破碎料、膨化饲料、扁状饲料、块状饲料等。

379 什么是颗粒配合饲料？

颗粒配合饲料又称全价颗粒饲料，是由动物营养专家根据国内外最新技术和成果研制开发的新型配合饲料。采用优质可靠原料，经先进生产设备和生产工艺加工而成。经生产实践证明，颗粒配合饲料具有促进生长、提高抗病力、提高经济效益及预防各种营养性缺乏症等功效。

380 什么是南美白对虾配合饲料？

南美白对虾配合饲料，是根据南美白对虾不同生长发育阶段的营养需求，选用优质进口鱼粉、面粉、豆粕、鱿鱼粉、虾壳粉、免疫多糖及适合南美白对虾生长的其他原料和专用虾蟹多维、多矿添加剂等，采用先进颗粒饲料加工工艺精制而成的颗粒饲料。

381 如何选购南美白对虾专用配合饲料？

首先，要选择有一定规模、技术力量雄厚、售后服务到位、信誉度好、养殖效果佳（主要以价效比高和成活率高为参数）的饲料厂家生产的饲料。其次，选购的颗粒饲料要符合《无公害食品 渔用饲料安全限量》（NY 5072）的要求，不得含有违禁成分，有毒有害物质含量控制在安全允许范围内，无致病微生物，霉菌毒素不超过标准，且能为南美白对虾生长提供充足、均衡的营养成分；投饲摄食后在商品对虾中无任何有害残留，对食品安全不构成威胁，对人体健康无危害。再者，选购的饲料产品应满足南美白对虾不同生长阶段的营养需求。

382 怎样鉴别南美白对虾配合饲料的好坏？

符合南美白对虾养殖生产的配合饲料，首先其营养配方必须适应南美白对虾不同生长阶段的实际需求，避免饲料营养配方不相匹配而发生营养代谢病。同时，要求饲料的径粒要适合南美白对虾的口经大小，饲料的整齐度和一致性好，即饲料的表观颜色均一，无异味，放入透明的玻璃瓶中浸软发散后，残留颗粒大小差异小，饲料黏合糊化程度好，饲料袋中无粉尘集中现象，放在水中至少达 1 小时不散开。饲料外包装组成成分质量参数，出厂日期与保质期，保存要求、使用方法及注意事项等标识清楚。

383 辨别饲料质量应把握哪几个关键点？

饲料质量直接关系到养殖收成，同时，饲料投入也是养殖的主要成本，因此有"收多收少在于料"之说。辨别质优价廉的全价配合饲料，必须把握看、闻、泡、嚼等四大关键点。看（颜色与颗粒均匀度）：具有原材料的自然颜色，一般呈深黄褐色或褐色，同一规格其颗粒大小均匀一致，表面光泽鲜亮、断面切口平整，颗粒长度适合南美白对虾不同阶段的适口大小；闻（所散发的气味）：具有淡淡的粕料香味和鱼腥味；泡（查细度和耐水性）：浸泡散开所需时间长，且散开后粒度越细越好，其利用率就越高；嚼（口感的好坏、杂质的含量）：通过口腔的触觉、味觉，感受一下颗料硬度（是否硌牙）、杂质程度（有无沙粒、泥土等）及有无异味。若有苦、酸、涩等异味，说明饲料原料或成品料有霉变现象。

384 南美白对虾饲料贮存应注意什么？

南美白对虾配合饲料，是由多种农产品或其副产品和鱼粉、无机盐、维生素等组成，营养成分丰富，易吸水变质。因此，南美白对虾饲料应贮存在干燥、通风性能良好的仓库中，注意防潮、防雨和防虫害、鼠害，同时，要防止有毒物质污染。一般在良好条件下，南美白对虾饲料可保存 90 天左右。

385 养虾为什么一定要选择优质配合饲料？

养虾的目的是，促进对虾的快速生长和提高对虾的成活率，从而获得较高的产量和效益。饲料质量的好坏，是南美白对虾生长速度和成活率高低的关键。如同高等动物一样，南美白对虾的生命活动需要各种营养物质支持，包括碳水化合物（糖类）、脂肪、蛋白质、维生素和矿物质，缺一不可。其中，蛋白质的氨基酸组成、脂肪的类别（饱和及不饱和脂肪酸等）、维生素和矿物元素的种类，以及它们在饲料中应占的比率等，同样都十分重要。一旦缺乏且比率失调，南美白对虾的生长就都会受到影响。因此，为确保南美白对虾摄食营养全面，生长快速且成活率高，必须选用优质配合饲料。

386 南美白对虾优质饲料有什么特点？

优质南美白对虾饲料，应具备营养元素添加均衡、全面，原料配比科学，消化吸收快，吸收率高，符合南美白对虾不同生长阶段的生理机能和营养要求，能提高南美白对虾免疫力，促进其健康生长发育；颗粒大小均匀，表面光滑，适口性好；粒径造型好，色泽一致，选用原料优质新鲜，具有较浓的鱼腥味，诱食性强，符合南美白对虾摄食特点；黏合性好，水中稳定性高，能保持 3 小时不溶散，质量稳定等特点。

387 放苗后何时选择开始投饵时间？

南美白对虾为杂食性虾类。在自然环境中，虾苗首先捕食的是天然饵料。当池塘内的浮游藻类和浮游动物的大小、运动速度、营养价值都适宜虾苗摄食时，虾苗放养入池后，首先捕食的就是浮游藻类和浮游动物。因此，如果肥水较为理想，虾苗入池后可以不立即投喂开口饲料。一般高密度精养的，待第二天虾苗适应池塘环境开始巡游后即可投喂；粗养的可适当延期 3～5 天，但应注意观察池塘水质、水体中浮游藻类和浮游动物丰盛程度、虾苗肠胃饱满程度等情况，适时开始投喂开口饵料。

388 **放苗后初始投喂时间过早、过量有什么不利？**

在实际养殖生产中，放苗后初始投喂时间宜早不宜迟，但不宜过量。若饲料初始投喂时间过早、过量，容易造成饲料过剩、沉底，败坏底质、水质，甚至可能引起藻类繁殖过度而使浮游植物过早进入衰竭期，不仅影响植物光合作用，而且藻类大量消耗水体氧气，破坏水体微生态系统平衡。

389 **放苗后初始投喂时间过晚有什么危害？**

饲料初始投喂时间过晚，容易造成天然饵料摄食殆尽，导致虾苗因食物供给不足，长时间处于饥饿状态，逼迫摄食池底死亡藻类，啃食水草嫩芽或嫩根，觅食水蚯蚓等底栖生物，造成营养不良，体质虚弱，抗病力减弱。且摄食死亡藻类，扒窝池塘底泥，易造成虾苗消化系统继发性细菌感染，导致桃拉病毒发作，出现少量红体虾在水面漫游，继而停食空胃，蜕壳爬边死亡。并通过虾苗自残出现慢性传播，诱发疾病暴发。

390 **放苗后标粗阶段如何保证虾苗有食可吃？**

饵料是否充足、营养是否均衡，是影响虾苗成活率的一个关键因素。放苗后标粗阶段，可利用水中的基础饵料生物为虾苗提供摄食所需。所以，在虾苗放养前要提前培肥水体。放苗后，若发现水体中基础饵料生物不足，应立即每天添加投喂熟蛋黄、碎鱼糜或南美白对虾人工破碎料等辅助饵料。每天投喂 4～6 次，做到少量多次。因此时虾苗活动能力还不强，体质较弱，投饵不均会造成一些虾苗饿死或虾体间残食，降低成活率，因此，应注意投喂方式为全池均匀泼洒。随着虾苗的生长，慢慢增加前期开口料，逐渐添加 0 号破碎料。既可以驯化其摄食，又能保证其营养需要，提高活动力，增强免疫力，减少发病的概率。

(391) 如何从投饵技术角度来节省饲料？

从节省饲料成本、确保南美白对虾健康生长的角度出发，高密度虾池从虾苗放养的第二天开始投喂，精养或粗养池可根据水中基础饵料生物的数量来决定首次投饵日期；养殖周期中，根据南美白对虾的体长来选择相应型号的饲料；养殖前期，因饲料粒小质轻，在沉底前易被风吹到岸边，可用相同体积的水和饲料混合后再投喂；养殖过程中，掌握少量多餐的原则，在人工条件允许情况下，日投喂 3～4 次，一般不随意改变投饵次数和投饵时间。在气候、环境变化，池虾摄食量下降时，要及时适当减少投饵量，但不应推迟投饵时间。投喂时应关闭增氧机 1 小时，否则饵料容易被旋至池子中央与排泄物堆积一起，因不易被摄食而浪费腐烂。

(392) 投饲管理应注意哪些事项？

系统与科学的投饲管理，既能满足南美白对虾的营养需求，促进其健康生长，又能提高饵料系数，减少投饲对水质污染，减轻水体生态负荷。具体而言，要根据南美白对虾不同生长阶段，对饲料规格和投喂数量、次数、范围作相应调整；坚持少量多餐和"四定"原则，做到定质、定量、定时、定位。并根据基础饵料生物情况、天气和水质变化情况、虾体活动和摄食情况等灵活投喂。

393 **怎样根据南美白对虾生长周期调整饲料规格？**

通常虾苗下塘后，根据放苗密度，及时观察其摄食及胃肠食物情况，随着生长慢慢投喂前期开口料和南美白对虾 0 号破碎料（直径 0.2～0.5 毫米，3 种规格），既驯化白对虾的摄食，又保证其营养需求，并在约 15 天后逐渐增添投喂量。放养约 30 天后，逐步添加投喂 1 号料（直径 1.2 毫米），当虾体长达到 3 厘米时，改为以投喂 1 号料为主。中期当虾体达到 200 只/千克规格时，改为投喂 2 号料（直径 1.2～1.6 毫米）；养殖后期，适当添加投喂 3 号料（直径 1.6 毫米）。

394 **转料时应注意什么？**

在饲料规格转换过程中，应在逐步减少小号饲料投喂的同时，采取循序渐进的方式添加、过渡到大号饲料，既有利于转料，提高饲料利用率，又能有效防止虾体之间的规格差异，防止虾体掉队。

395 **什么是南美白对虾养殖投饲"定位"原则？**

南美白对虾养殖投饲"定位"原则，是指根据南美白对虾不同生长阶段及其在昼夜不同时间、不同水温情况下的摄食规律，正确地将饲料投喂到一定的位置。放苗初期，南美白对虾在池塘中的分布相对均匀，随着其生长及污物的积累，池中央虾体分布相对较少，四周分布相对较多。因此，一般在养殖初期饲料宜全池均匀投喂，虾体长至 3 厘米以后可沿池四周均匀投撒。相比较而言，小规格南美白对虾更喜欢在池塘边缘的浅水区寻觅食物。

随着南美白对虾的生长，规格渐大，其在日间逐渐向深水区活动，而夜间多在浅水区活动。因此，白天投喂时应将饲料适当抛撒在离岸较远的深水处，夜间则应将饲料抛撒在浅水清洁处。高温季节，南美白对虾为避热常常躲向深水区，此时应将饲料抛撒在深水区。大潮期前后，即月初、月中，南美白对虾有沿池边巡游的习性，饲料投喂范围应在池塘四周浅水区。

396 **如何根据天气、水质及南美白对虾生长情况调整饲料投喂量？**

南美白对虾养殖饲料投喂，在坚持定量、定时原则的同时，必须根据天气、水质变化和南美白对虾生长活动情况灵活调整。一般晚上多投，白天少投；天气晴朗、风和日暖时多喂，阴雨连绵、天气闷热或寒流侵袭时少喂或不喂；高温日烈天气，水温超过 32℃或低温寒冷天气，水温低于 16℃，或溶解氧低于 3 毫克/升、氨氮超过 0.8 毫克/升，池底发臭时，可能引起南美白对虾应急反应，摄食下降，应减少投喂量；水质清新、溶氧充足时，南美白对虾摄食旺盛，可正常投喂；而水质较差、溶氧较低时，南美白对虾活动力减弱或生病或出现暗浮头时少喂，水质严重恶化、浮头死虾时暂停投喂。对虾生长前期少投，后期多投；虾体大量蜕壳的当日少喂，脱壳 1 天后多喂。

397 **什么是南美白对虾的日投饵量、 日摄食量和日摄食率？**

南美白对虾的日投饵量，是指主要依据南美白对虾的日摄食量来确定的饲料投喂量；南美白对虾的日摄食量，即单尾南美白对虾一天所要摄食的食物数量；南美白对虾的日摄食率，即南美白对虾日摄食量与其自身体重之百分比。由于实际养殖生产投饵时以饲料观察台观察结果为依据，适时适量调整。因此，正确地说上述指标均为理论指标，其作为制订投饲方案和衡量南美白对虾生长增生效果的参考值，通常以克重计量，与南美白对虾的体长、体重密切相关。南美白对虾的日摄食量随体重增长而变化，且随个体生长而逐步增加；相反，日摄食率却随体重增加而下降。

398 **怎样按体长、体重确定南美白对虾的日摄食率？**

通过测量南美白对虾的体长和体重，可推算出其理论日摄食率。一般说来，体长 1 厘米的南美白对虾，其日摄食率为 13%，2 厘米的日摄食率为 8～10%，3 厘米的日摄食率为 7%，4 厘米的日摄食率为 6%，5～6 厘米的日摄食率为 5%，7 厘米的日摄食率为 4.5%，8 厘米的日摄食率为 4%，10 厘米的日摄食率为 3%，12 厘米的日摄食率为 2.5%，13 厘米以上的日摄食率为 2%。而按体重测算，则幼虾（≤3 克）的日摄食率为 7%～13%，中虾（3～6 克）的日摄食率为 5%～7%，成虾（≥6 克）的日摄食率为 2%～5%。

399 **怎样规范添加饵料投喂量？**

不规范的饵料添加方法，是造成饵料浪费的主要原因。尤其是在养殖中后期，一些养殖户期盼南美白对虾吃足快长，天天增加投喂量，造成不必要的饵料浪费，饵料系数快速增加。科学加减饵料投喂量的做法，应该是"快减慢加"。即使在南美白对虾生长摄食旺盛时期，也不意味着后一天的量永远比前一天的量多。而应注意"台阶式或结合倾斜向上的波浪式增加"，避免短时间内南美白对虾摄食过量，增加代谢负担。

400 **如何判断南美白对虾饱食程度？**

一般根据池塘大小，在投饲后 1.5 小时有 80% 以上的南美白对虾呈半饱胃或饱胃，且蠕动有力；南美白对虾又没有群游觅食情形，并在下次投饲前 1 小时很少有残饵，说明投饲适量。若所投饲料很快就摄食完，池中南美白对虾还有大量群游觅食，空胃或残胃虾超过 50％以上，表明投饲不足或水质不适宜；反之，则说明投饲过量，应适当调整。

401 怎样通过观察饲料台来掌握南美白对虾养殖过程中的投饵量？

饲料台在科学投饵中是非常关键的，它们可以起到指示吃料情况的信息，以及虾的健康程度、成活率及底质等情况。料台应该放置在底质干净的吃料区域，避免放置在塘边有坡度的地方。但如果遇到水质恶化、底质恶化、虾有疾病、饲料品质、水温突变、敌害生物、蜕壳等情况时，饲料台观察的准确性会受一定影响。一般每池设 1～2 个饲料台，并根据饲料台中饲料食完时间来调控投饵量（表 1）。

表 1　不同养殖阶段饲料台中饲料摄食完毕时间对照

饲养期（天）	饲料台投放量占总投饲量比（％）	对虾适度吃完时间（h）	投喂后检查饲料台的合适时间（h）
2～30	1.0	2.5	2.0
30～45	1.5	2.0	1.5
45～60	2.0	1.5	1.0
＞60	2.5	1.0	0.5

402 为什么南美白对虾养殖投饲要坚持勤投少喂？

南美白对虾是靠味觉觅食的。饲料入水后，其殆尽味道会逐渐溶散，当味道散失殆尽后，南美白对虾就很难寻觅到它，即便遇到也多半拒食，白白浪费了饲料。而且饲料入水后如果浸泡的时间过长，所含的可溶解营养成分会逐渐流失。因此，养殖池内饲料一次投放的数量不宜过多，每次投放的饲料也以1～2小时内能吃完比较合适。此外，过多的残饵不但影响养殖水体环境质量，加重底质环境污染，而且提高了投饵系数和养殖生产成本。因此，南美白对虾养殖投饲要坚持勤投少喂，即少量多餐的原则。

403 南美白对虾养殖每天投饵几次比较合适？

南美白对虾放苗初期，应保持与淡化培育日投饲次数相近似，每天投饵4～5次。以后随着南美白对虾的生长，投饵次数可逐渐减少，到养殖中日投饵为3～4次，养殖后期日投饵保持3次。目前，许多淡化养殖场由于受劳动力人工因素抑制，且以为淡化养殖放养密度也较海水养殖放养密度低，因此，除在虾苗集中放养标粗阶段（体长1～3厘米）日投饵3～4次外，基本上维持日投饵2次的方法是不科学、不正确的。

404 怎样分配南美白对虾日投喂量？

应根据南美白对虾的活动规律、摄食习性分配日投喂量。南美白对虾有连续摄食的特点，但有一定的节律性，昼夜有2个摄食高峰，分别在18:00—21:00和3:00—6:00，9:00—15:00摄食量最低。因此，早晨或傍晚适当多喂，整体晚上投喂应多于白天。一般日投饵5餐，以6:00占比30%、11:00占比10%、16:00占比10%、20:00占比30%、23:00占比20%分配；日投喂4餐，以6:00占比30%、11:00占比15%、18:00占比35%、22:00占比20%分配；日投喂3餐，以上午占比40%、傍晚占比40%、夜间占比20%分配；日投喂2餐，以上午占比40%、傍晚占比60%分配。

405 **温度对南美白对虾摄食有什么影响？**

水温是影响南美白对虾生长、发育的主要生态因子之一，同样影响着其摄食和生长。虽然南美白对虾对水温的适应性较广（6～39℃），但其摄食生长的适宜水温为 18～35℃，最适水温为 30～33℃。研究表明，在 18～30℃ 范围内，南美白对虾的总摄食量、日摄食率和饵料效率都随水温的升高而增大，当水温达到 30℃ 时，三者均达到最大值。且日温差变化在 6℃ 以内时，可保持正常的摄食能力和较强的活力；但日温差变化超过 9℃ 时，摄食减少，出现死亡。在水温 30～33℃ 时，摄食、活力最好。但随温度的升高，摄食活力逐渐减弱，38℃ 时停止摄食。水温 18℃ 以下时，摄食量明显减少，存活率降低；8℃ 停止摄食。

406 **南美白对虾生长出现大小不齐的主要原因是什么？**

南美白对虾在养殖生产中出现个体大小不齐的现象，究其原因主要有两个：一是与虾病有关。如虾感染了皮下及造血组织坏死病毒和肝胰腺细小病毒等后，虽然仍可摄食，但是生长缓慢，甚至不生长，同时出现虾体瘦软、肝脏肿大等症状。这是目前对虾大小分化的主要原因。二是与早期投饲方法不对、投饲不足有关。如投饲未坚持少量多餐原则，整个池塘投饲不均匀，投饲量不足。投饲后能抢食到的个体吃得多、长得快；而个体小的虾争食能力差、吃得少。久而久之，体长分化就会越来越明显。

407 **南美白对虾生长出现大小不齐时应采取什么措施？**

南美白对虾生长出现大小不齐时，应及时查找原因，仔细分析，采取相应措施。如查明是因疾病原因引起的，应尽快采取治疗措施，同时及时移除病虾，切断传播源，以免疾病传染扩散；

如果确认是投饵引起的，则应适量增加投饵量，并且用不同型号的饲料混合投喂，使大小对虾都有适口的饵料可食。并根据小虾多在浅水处觅食、大虾则多在深水区的习性，可以将适合于小虾的饲料在浅水区多投一些，使小虾多吃一些，以促进它们的快速生长，缩小生长差距；还可以先投大颗粒的饲料，让抢食能力强的大虾先吃饱，接着再投喂小一号的优质饲料供小个体对虾摄食，促进小虾的生长。同时，注意调整改进投饲方式和方法。

408 怎样判断南美白对虾已吃饱？

南美白对虾是否吃饱，可以根据其胃的饱满程度加以判断。南美白对虾的胃位于头胸部额角基部的后方，透过头甲壳清晰可见。南美白对虾胃的饱满度一般分为四级，即空胃（胃内无食）、少胃（胃内仅看见极少量食物）、半饱胃（胃内有较多的食物，但胃壁不鼓胀）和饱胃（胃内充满食物，胃壁明显鼓胀）。正常情况下，投饵 1.5 个小时内，南美白对虾的饱胃率应占南美白对虾总数的八成以上；如果少胃和空胃占半数以上，池内又未见残饵，则说明投饵量不足，南美白对虾尚未吃饱。此外，肠容物的多少，也可反映南美白对虾的摄食情况。如果肠道充盈，且拖有很长的粪便，说明池内饲料充足，南美白对虾吃得饱；如果肠道全空或者肠内间断有食，则表示池内饵料不足。

409 怎样判断南美白对虾吃得好？

南美白对虾投饲管理，不但要吃得饱，更要吃得好。如果投饵量不少，但投饵后 2 小时内南美白对虾半饱胃和饱胃所占的比例不足 50%，应认为是吃得不好，原因可能是饲料不佳或者是水质不良。要查明原因，采取相应的补救措施。应该注意的是，有时也不能完全按照胃饱满程度判断南美白对虾是否吃得好。因为在长期投饵不足、或者饲料质量太差的情况下，南美白对虾通常会被迫觅食池底的有机碎屑或者杂藻，虽然外观饱胃率很高，但其生长却很缓慢。此时，可对胃含物进行定性分析，通过食物鉴定，确认南美白对虾吃的是什么食物，吃得好不好。通常吃卤虫等甲壳类时，虾胃呈红色或浅红色；吃配合饲料时虾胃呈褐色；吃底泥、杂藻时胃呈黑色或暗绿色等。显然前两种颜色说明虾吃得较好。

410　南美白对虾摄食量减少的原因有哪些？

南美白对虾摄食量的变化，通常与其生理状态、所处水环境及饲料质量等因素有关。一般蜕壳前后数小时内，南美白对虾会停止摄食，如体长 3 厘米的小虾，蜕壳后 3 小时左右才能摄食；多数疾病，如病毒病、细菌病和寄生虫感染等，都会使南美白对虾食量减少。如南美白对虾感染白斑综合征病毒时，早期对摄食无影响或影响较小；但当疾病暴发后，胃蠕动和摄食就停止。水环境的优劣对南美白对虾摄食影响极大，如水中氨氮浓度增大、溶解氧下降、盐度的大幅度变化等，均可造成其摄食减少或者停止。水中有毒藻类增多，也会造成其摄食减少或者停食。此外，南美白对虾有偏食的习性，吃惯了某种饵料后再更换新的饵料品种时，往往导致拒食或少食。饲料质量太差、有霉变，则可造成南美白对虾厌食而摄食量下降。

411　南美白对虾放苗半个月后才开始少量摄食是什么原因？

一种可能是苗种淡化不正常或运输不当，使得投放的虾苗出现质量问题，入养殖池后适应性差，导致开口迟，或成活率很低，甚至大部分已死亡，表现为摄食量很少；另一种在虾苗成活率保证的前提下、半个月后才摄食的可能原因：一是虾苗放苗前水质培育较为理想，池塘水体中天然饵料生物丰富，能完全满足虾苗初期的摄食需求；二是虾苗因某种原因体质较弱，恢复较慢，摄食量很小，又遇上水温不高、水质环境条件较差，大部分虾体生长很慢、蜕壳时间延长、摄取人工投喂饵料量就较少。如遇这种情况，首先要调节好水质，使水呈淡黄色或淡绿色，水质透明度为 30～40 厘米，并使用有益微生物复合制剂，以增强虾体体质和活动力，恢复正常摄食量。

412 饵料投喂过多会产生什么危害？

饵料投喂过多势必产生剩饵，时间一长，就会造成投喂处底质恶化，产生氨气、亚硝酸盐、硫化氢等有毒物质，使得南美白对虾不再回到原觅食点摄食。若饲养者未发现该现象，仍在原点投饲，则剩饵越来越多、腐烂发臭越来越严重，南美白对虾不得已只能改而选择在其他长期未投过饵料、环境相对较好的底层觅食活动，却得不到充足的饵料。因而处于饥饿状态，生长变得缓慢，免疫力下降，加之剩饵腐烂，水质恶化，易使得病原体繁殖和传播，导致疾病暴发。解决办法是每次投饵前一定要检查定点投喂处是否留有剩饵，一旦发现有过剩饲料，就要分析原因，减少投喂量，使用有益微生物复合制剂，消除底层有毒物质，调节好水质，必要时调换投饵地点。

413 摄食量持续明显偏小且维持不变，稍有增加就过剩是什么原因？

原因有三个方面：一是水温一直偏低，南美白对虾摄食不旺，生长缓慢，池中对虾存塘量增加不明显，因此投饵量难以增加。因南美白对虾大部分时间都是伏于池底，在池底生长环境较差时，就出现了食量大减、生长变慢的现象。只有在气温明显升高，每天开动增氧机时间增多，pH 和氨氧含量降低了，对虾摄食量才有所增加。二是虾苗质量较差，留下后遗症，严重影响虾体的生长蜕壳。引起虾苗差可能是淡化时间过快或用药过多，所以要选购优质好苗。三是饲料质量较差，营养不全面，水质老化，被吸收的营养不够，引起对虾蜕壳增长困难。总之，当南美白对虾蜕壳增长受阻，日摄食量不能有效提高，饲料稍有增加就过剩。

414 **饲料很快被吃完，但池虾密度却未明显提高的原因是什么？**

这主要是虾塘内除了养殖的南美白对虾，还有大量吃虾饲料的其他水生动物存在。这类虾塘不是未清塘，就是清塘药物量不足或清塘方法不当，而未能杀死塘内的其他动物体，或者是注水时未注意在入水口用聚乙烯网布或铁丝网罩等覆盖，导致其他水生动物进入虾池。而有些小杂鱼繁殖力很强，当年就能繁殖出大量的子代，并且抢食很凶，食量又大，因此投下的虾料会很快被吃完。如果巡塘发现很多鱼类，可以用茶籽饼带水毒鱼，以 10 千克/亩（1 米水深）的用量，进行全池泼洒。且当鱼类一浮于水面，就立即捞去。如发现龙虾、蟹类等，则可用地笼网连续抓捕，直到基本抓完为止。

415 **正常摄食时突然出现大量剩饵，连续几天后又恢复原状是什么原因？**

主要有三个方面原因：一是饲料适口性存在问题，如转料时因产生不适而拒食，或因在饲料中拌入有些药物时而拒食。所以中途转料，一定要遵循先将两种不同饲料按一定比例掺在一起投喂一段时间，然后逐渐过渡到新品种饲料。如要投药饵，则先拌入少量，第二天开始增加到正常药量，可避免南美白对虾拒食。二是水中含有大量三毛金藻、裸甲藻、微囊藻等能产生毒素的藻类，一旦产生毒素，南美白对虾就明显减食。遇此情况应立即大换水，换去原池水的 30％以上，连续换水 2～3 次，并连续开机增氧。三是气候不正常，连续阴雨天气，致使池水水质差、南美白对虾无食欲。当气候转好时，南美白对虾才开始正常摄食。遇此情况应连续 24 小时开机增氧，在保证不泛塘死虾的情况下，少量投饵或停止投饵。

416 南美白对虾发病时，应立即大幅减少投喂量或者停止投喂吗？

当南美白对虾出现发病现象或出现死虾时，一些养殖户采取即刻大幅减少投喂量或者停止投喂的方法，反而使得健康虾类因食物缺乏，出现大量抢食病死虾的现象，表观上形成池塘表面死虾数量越来越少的假象。而健康虾类却因摄食病死虾后感染疾病，造成更大面积的感染、死亡。随着时间的延长，存池南美白对虾越来越少，当养殖户误以为疾病得到控制再次投饵时，因健康虾类优先摄食饲料，不再摄食病死虾，于是池塘表面就会再次出现少量死虾，造成因投喂饲料造成死虾的假象。如果这时再次停止投喂，则健康虾类又以池底死虾为食。如此恶性循环，最终可使南美白对虾死亡率达到 80％以上。即使病情慢慢自动缓解，也因错失最佳治疗时机而造成养殖失败。

417 南美白对虾发病时，应怎样正确投饵？

在发病初期，应保持正常投喂量，满足健康南美白对虾摄食所需。并在饲料中添加具抗病功效和提高免疫力的药物和维生素，以有效增强健康虾的抗病力，减少摄食病死虾的可能，从而减少被感染的机会。同时，由于病虾因病不能正常摄食饲料，又没有被健康虾类吃掉，虽然漫游水面及爬边死亡在初期会逐日增多，但是，当几天过后这批病虾全部死掉之后，则日死虾数量就会急剧减少。而健康虾类由于摄食保证、营养足够，具有较强的疾病抵抗力，疾病漫延之势就得到控制，养殖生产就逐渐转为正常。

418 **如何通过摄食巡查确认南美白对虾摄食情况？**

细致到位的摄食巡查，体现了日常管理的用心与专注。一是观察肠道。若肠道饱满且为灰黄色，说明吃料不错；若肠道为灰褐色，则吃料不足；如肠道充满且呈现出饲料的颜色而非其他颜色，则说明虾吃料正常，同时也说明池底水质尚可。二是观察粪便。若粪便长而成灰黄色，说明投饲量适宜；若粪便短且成黑褐色，则说明投饲量不足；如呈现出不是饲料的淡黄色，则说明没吃料，有可能是因塘底过脏、泥皮过多。此外，还要观察其有否拖便，一般拖便太长，说明虽然饲料足够，但消化却不太好。三是观察数量和活力。看有否出现抽筋或蜕壳不遂等迹象，是否有异常的体色（表）与外观。通过以上摄食巡查，可基本知晓池虾的摄食状况、健康状况及底质现状与饵料质量等，据此及时调整饵料投喂和每次所占的比例。

419 **料台饵料被吃光，能否代表池底饵料也已吃完？**

通过观察料台摄食情况，可基本掌握整塘对虾的摄食情况。但有时料台饵料被吃光，却并不代表池底饵料也已吃完。这是因为许多对虾形成了专吃料台内饵料的习惯，若只看料台内的情况，会造成误判。在养殖生产管理过程中，为准确投饵，必须全面掌握虾塘内对虾的存塘数量、大小规格、生长情况，掌握对虾健康状况、蜕壳情况，掌握水质环境状况（水温、氨氮、亚硝酸盐、溶解氧、pH、透明度、盐度等水质要素）与用药情况，掌握天气变化情况，掌握正确的料台观测方法等，需要把看料台与看虾、看天气、看水温、看水质等结合起来综合分析，最大限度地规避盲目性投饵和误判。

南美白对虾淡化养殖病害防控，应坚持"预防为主、防治结合"的原则。综合运用设施防控、生态防控、生物防控等预防与控制技术，从苗种选购放养、池塘清淤消毒、设施设备运行、养殖用水处理、池塘水质调控、饲料投喂管理、生产工具消毒、养殖环境卫生等各个环节入手，重视系统预防，加强日常健康养殖管理，提增南美白对虾的机体免疫力，降低病害发生概率。加强巡塘观察，发现病害，及时查明病因，积极采取针对性治疗措施，避免病害蔓延，缓解或减少虾体损伤，保证南美白对虾淡化养殖的正常进行。

(420) 什么是南美白对虾病害的设施防控？

南美白对虾病害的设施防控，就是从设施装备等养殖基础条件入手，选择周边无污染、水源充足、水质清新、交通便捷、电力充沛、通讯畅通的自然环境建设养殖基地；基地内生产生活设施完备，进排水系统完善，养殖池、蓄水池、沉淀池、尾水处理池等生产用池配备完整，增氧机、发电机、水泵等生产设备配套齐全；核心是具备底排水、底增氧"双底"设施，可利用底排水设施，及时将残饵粪便等有害物质排出养殖池外，保持底质干净，减少病害滋生场所，并利用底增氧设施和表层增氧设施配套使用，确保养殖池水体无分层，溶氧充足，水质良好，菌藻平衡稳定。即通过"双底"设施的建设和运行，为南美白对虾健康养殖创造良好的环境条件，达到病害防控的目的。

（421） 什么是南美白对虾病害的生态防控？

南美白对虾病害的生态防控，就是从有利于主养南美白对虾出发，依据互补互利、互利互促原则，套混养一定比例的适宜水生生物，既实现生态位上的空间互补，提高水体空间利用率，又通过食物链的相互衔接，提高饵料能量利用率，有助于促进虾池水质的自我净化，减少病害发生的概率。其核心是通过食物链上的摄食与被摄食关系，利用其他水生生物的杂食性，及时摄食掉养殖池内行动迟缓的弱质虾、病虾或死虾，有效阻断南美白对虾病源的传播，抑制南美白对虾的发病率，从而保障南美白对虾养殖的稳产，提高养殖整体效益。即通过南美白对虾与其他水产品的生态化混养，实现南美白对虾养殖病害生态防控的目的。

（422） 什么是南美白对虾病害的生物防控？

南美白对虾病害的生物防控，就是根据养殖池水质情况和南美白对虾生长状况，科学合理泼洒光合细菌、EM 菌、芽孢杆菌等有益微生物制剂，调控改善水质，保持良好的水体微生态环境；辅助施用生石灰、沸石粉等消毒、底改物质，并采取灌排水措施，调新、调优、调活水质；加强投饲管理，选择营养全面的优质人工配合饲料，杜绝使用鲜活饵料，通过在饲料中添加维生素 C、免疫多糖等营养物质，提高虾体的抗病免疫功能。其核心是通过施用有益微生物制剂，既直接有效抑制、减缓病害发生，又通过作用水体生物，改善水体环境，增强南美白对虾抗病能力，实现南美白对虾病害的有效控制。

 南美白对虾主要病害有哪些？

南美白对虾自从在世界各国大量养殖后，已经出现多种病害。不同的养殖地区存在不同的病害。共同的重大病害有白斑综合征、桃拉综合征、传染性皮下和造血组织坏死征、弧菌病、南美白对虾早死综合征等（表2），这些病害在世界各地均有分布，危害严重，给各地的南美白对虾养殖造成了重大的损失。除了这些病害，还存在一些病害只在世界上某些地区流行。如南美白对虾传染性肌肉坏死病，最早出现在巴西，目前已经在南美、大洋洲和亚洲的印尼和印度发现，但我国还未发现这类疾病；黄头病主要出现在东南亚国家，主要感染斑节对虾，近年来，在国内南美白对虾养殖上也有所发现（表2）。

表2　主要对虾病害及危害种类

病名	主要流行地区	发病种类	危害严重性	控制方法
白斑综合征（WSS）	亚洲、南美洲、北美洲等对虾养殖地区；我国全国对虾养殖地区均发病	对虾、沼虾、蟹、龙虾、鳌虾、虾蛄、鲎等甲壳类动物	严重，可在1周内造成全部死亡，造成巨大损失	发病后无有效控制措施；苗种和亲虾检疫可预防，消毒、免疫增强剂等可延缓病情
桃拉综合征（TS）	美洲、东南亚养虾地区；我国广东、广西、海南等地曾出现流行	对虾科所有成员，以滨对虾属最为敏感，对虾属、新对虾属、囊对虾属等无症状	感染14～40日龄虾，死亡率可达80%	采用SPF种虾生产苗种；所有苗种和亲虾需做病毒等检疫，消毒、免疫增强剂等可延缓病情

（续）

病名	主要流行地区	发病种类	危害严重性	控制方法
传染性皮下及造血组织病（IHHN）	世界各地养殖对虾，太平洋地区最严重；我国有较高病毒检出率，与发病对应不强	南美白对虾、细角滨对虾、斑节对虾等大部分对虾科成员	细角滨对虾死亡率 90% 以上，南美白对虾个体大小不均，损失不明	采用 SPF 种虾生产苗种；所有苗种和亲虾需做病毒等检疫，消毒、免疫增强剂等可延缓病情
传染性肌肉坏死病（IMN）	巴西等南美洲对虾养殖国家、印度尼西亚、印度等；我国未发现该病暴发	南美白对虾、细角滨对虾、斑节对虾等对虾科成员	感染后可持续死亡，病程较长，死亡率达 80%。我国未发现此病	严格口岸检疫，预防疾病通过亲虾和苗种进入我国；发病地区进口种虾和苗种须严格检疫；发现 IMNV 阳性，要彻底扑灭和隔绝
黄头病（YHD）	泰国、澳大利亚及美洲、亚洲其他对虾养殖国；非洲对虾养殖国有较高检出	斑节对虾、南美白对虾，日本对虾、细节滨对虾等对虾科虾也可检出病毒	斑节对虾曾危害较大，近年有所减少；南美白对虾的危害不明	病毒对高温和含氯消毒剂敏感，可延缓病情，采用 SPF 种虾生产苗种；所有苗种和亲虾需做病毒等检疫，跨地区苗种检疫需严格检疫
弧菌病	世界各主要对虾养殖地区均可发生，无明显的地域相关性	所有对虾科养殖虾均可感染，发病与虾健康水平及池塘管理有关	危害程度与菌株毒力有关，恶劣气候和养殖环境可加剧病情	可采用药物、消毒剂、免疫增强剂减少发病率或延缓发病

（续）

病名	主要流行地区	发病种类	危害严重性	控制方法
早死综合征	世界各地南美白对虾养殖区域均可发生，以东南亚更为严重	南美白对虾为主	危害程度与菌株毒力有关，恶劣气候和养殖环境可加剧病情	可采用药物、消毒剂、免疫增强剂减少发病率或延缓发病
玻璃虾	广东、海南、浙江、福建等南美白对虾养殖和苗种生产地区	目前仅发现于南美白对虾中	初步认为是病毒或其他环境诱导下引起的弧菌继发感染病，弧菌毒力与发病严重性相关	加强已发现关联病毒的检疫，加强水体消毒，采用免疫增强剂等减少发病率或延缓发病

424 **南美白对虾白斑病有什么症状？**

　　南美白对虾白斑综合征，俗称白斑病。发病对虾可出现厌食、空胃、行动迟缓或在水面漫游、弹跳无力等症状，头胸甲易剥离，可在头胸甲壳和尾节甲壳观察到白色斑点（图5，A），出现虾体色和触须发红（图5，B）。该病发病急、死亡率高，死亡速度快。在急性发病时，患病对虾白斑症状尚未出现即大量死亡，同时出现明显的身体发红。在水质良好、养殖密度不高的养殖塘，对虾发生白斑病后，可出现明显的白斑症状，但死亡较慢，这类虾在运输途中成活率较低。在恶劣天气等应激条件下，可突发大量死亡（图6）。由于对虾白斑病危害种类广、损失巨大、目前又无有效的控制办法，因此，我国将其列为一类动物疫病，也是世界动物卫生组织（OIE）规定的强制通报疫病。

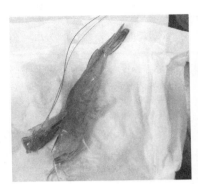

A   B

图 5 　对虾白斑综合征症状

A. 头胸甲易分离，并可见白色斑点　B. 白斑病毒引起的红体

（沈锦玉提供）

图 6 　对虾白斑综合征引起的对虾大量死亡

425 白斑病毒主要感染的南美白对虾器官组织有哪些？

　　白斑病毒主要感染南美白对虾的鳃、类淋巴组织、表皮、中肠及肝胰腺等结缔组织，侵害的主要组织是甲壳下上皮组织、胃及后肠上皮组织、造血组织、鳃、血淋巴器官等，其中，胃部坏死最严重。白斑病毒通常不感染肌纤维细胞。

426 **南美白对虾白斑病如何诊断？**

当南美白对虾出现红体、红尾和红须，摄食能力下降，并出现个别虾离群独游时，应取红体的可疑虾，剥离头胸甲进行检察。如肉眼可见大小不均等的白斑，可初步诊断为白斑病。

427 **白斑病早期诊断的重要依据是什么？**

病毒感染对虾后，可在虾体上皮细胞内迅速增殖，导致钙磷比显著增高，在甲壳上形成碳酸钙沉积，产生肉眼可见的白斑（图7）。用显微镜观察，可见甲壳内面白点呈重瓣花朵状，外围较透明，花纹较清楚，中部不透明，为白斑病早期诊断的重要依据。

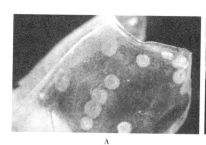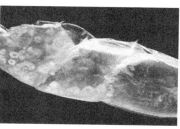

A　　　　　　　　　　　　　　　　B

图 7　对虾白斑综合征引起的白斑症状
A. 从头胸甲可看到白斑症状　B. 典型的白斑症状

428 **白斑综合征与桃拉综合征以及细菌性白斑病有什么区别？**

白斑综合征症状与桃拉综合征以及细菌性白斑病的区别主要在于：桃拉病通常发生于体长为 6 厘米以下南美白对虾，并伴随甲壳有烧灼状黑斑；细菌性白斑病一般较为致密，肉眼不能观察到花斑状，而且通常发生在高水温季节；由芽孢杆菌引起的白斑病，症状与白斑病毒引起的花斑状白斑相似，鉴别性差异在于病毒性白斑斑块外缘界面清晰，外围较透明，甲壳内面白点呈重瓣花朵状，花纹清晰，中部不透明；而细菌性白斑斑块外围界面不清晰，斑块间不透明，大小斑块密集重叠，整个头胸甲因细菌感染造成上皮坏死而呈白色不透明。

429 白斑病毒可以快速检测吗？

近年来，国内有关公司已经研制了基于微流控技术和恒温分子扩增的南美白对虾疾病检测产品，并于 2019 年起已广泛应用于对虾苗种检测和养殖过程的疾病检测。这类产品可同时检测 8 个南美白对虾常见病原，整个检测可在 30～40 分钟完成。连同样品预处理，1～1.5 个小时内可获得南美白对虾常见病原的定性和定量检测结果。

430 桃拉综合征有哪些症状？

桃拉综合征因最早发现于厄瓜多尔桃拉河地区而得名。发病虾虾体发红、软壳、尾扇和游泳足鲜红色（图 8），又称红尾病或红体病。根据发病程度，可分为急性、慢性等不同类型。处于急性期的病虾，可出现虾红素增多、虾体全身呈淡红或桃红色，尾扇和游泳足呈鲜红色；慢性期的病虾，则无明显临床症状，但可终生携带病毒；过渡期介于急

图 8　桃拉综合征感染的对虾症状

性期与慢性期之间，时间极短，病虾角质上皮多处出现不规则黑化斑。此阶段软壳病虾减少，摄食、活动行为渐趋正常。近年来，得益于抗病育苗的成效，南美白对虾桃拉病的发生明显减少。尽管如此，南美白对虾养殖还是不能放松对于桃拉综合征的预防工作。

431 携带桃拉病毒的南美白对虾有什么危险？

携带桃拉病毒的南美白对虾，当出现台风、连续阴雨等恶劣气候和其他应激因素刺激时，就有可能发病，并出现大量死亡。而且桃拉病发病池出现病虾 5～7 天后，虾群整体摄食下降或停止，患病南美白对虾出现大量死亡；发病 10 天左右死亡最高，死亡率严重时可达 80％ 以上。桃拉综合征急性暴发时，濒死南美白对虾常浮于水面或池边，出现大量鸟类争食的壮观场面。

432 如何诊断桃拉综合征？

桃拉综合征暴发时，南美白对虾可出现全身淡红色、尾扇和游泳足鲜红色，游泳足或尾足边缘处上皮呈灶性坏死，病虾出现软壳、空腹等症状，病虾角质上皮可出现较多由血淋巴细胞聚集而形成的不规则黑化斑，蜕壳虾大量死亡。根据这些症状，可初步诊断发生了桃拉综合征。通过消毒和调控水质，可减缓南美白对虾死亡，使发病塘逐步转为慢性。而慢性感染则无明显的临床症状。

433 南美白对虾发病，虾体发红就是患了桃拉综合征吗？

虾体发红是桃拉综合征的重要症状，其虾体发红的机理是与虾的肝胰腺受损引起 β-类胡萝卜素从肝胰腺细胞中泄露到虾的全身有关，且所有引起肝胰腺细胞的因子都可导致对虾出现红体症状。而在南美白对虾养殖过程中，病毒或细菌感染、水质恶化以及投饲不当等，均可引起肝胰腺受损。因此，南美白对虾发病，虾体发红不一定是患了桃拉综合征，需要根据具体情况加以鉴别。

434 **引起南美白对虾红体的主要因素有哪些？**

　　引起南美白对虾红体的因素有多种，可根据发病虾的大小和症状的不同加以鉴别。一般白斑综合征多发生于 6 厘米以上的虾体，且病虾在头胸甲有明显的白斑；而桃拉综合征发生于 6 厘米以下甚至更短小的虾体，病虾无可见白斑，但在恢复期部分虾体甲壳可出现黑斑。根据弧菌镜检结果鉴别，弧菌感染虽也可引起虾体身体、尾扇等发红，但镜检濒死虾的血淋巴液，弧菌感染虾可见大量穿梭运动的细菌，而桃拉病虾则细菌较少。养殖池水质恶化、亚硝酸盐过高，也会使虾体出现类似的红体症状，可根据水体中氨氮和亚硝酸盐水平加以判断。如通过改善水质或把虾放入较好水质的水体中，红体症状消失，则可判断为水质因素引起；此外，可取感染虾的虾血淋巴液，通过实验室诊断加以准确鉴别。

435 **传染性皮下及造血组织坏死病有何症状？**

　　本病由传染性皮下和造血组织坏死病毒引起，主要感染滨对虾属的南美白对虾和细角滨对虾。南美白对虾感染后，可出现慢性矮小残缺综合征（RDS），虾个体大小不均一；养殖细角滨对虾感染后，表现为摄食减少、外表行为异常，腹部背板接合处可观察到白色或浅黄色斑点，并出现大量死亡，濒死虾体色偏蓝、腹部肌肉不透明。

436 **如何诊断传染性皮下和造血组织坏死病？**

　　南美白对虾传染性皮下和造血组织坏死病，可根据养殖塘内虾个体大小不均一、生长缓慢、出现慢性矮小残缺综合征做出初步判断。如养殖塘南美白对虾个体变异系数大于30%，可基本确定为传染性皮下和造血组织坏死病毒引起；细角滨对虾病毒感染后，摄食明显减少，腹部背板接合处出现白色或浅黄色斑点以及做出初步诊断。近年来，南美白对虾传染性皮下和造血组织坏死病（IHHN）的发生率明显下降。

437 传染性肌肉坏死病有什么症状？

传染性肌肉坏死病，是由传染性肌肉坏死病毒引起的疾病。主要发生于南美白对虾，最早发现于巴西，病虾可出现肌肉坏死、体表烤焦状等病征。病虾初期表现为摄食减少或停食、反应迟缓，聚集在池塘角落，体色发白；还可出现腹节发红、尾部肌肉组织呈点状或扩散坏死。主要出现在腹节末梢和尾扇，移去虾壳和表皮，可见不透明的白色组织。部分虾还可出现微红色坏死区域，通常在网捕或喂食后可出现坏死症状虾突然增多，喂食后出现持续死亡，淋巴器官可增大至正常虾的3～4倍。至今我国还未检出这类疾病，但因南美白对虾养殖中，亲本、苗种的跨国际、跨区域移动现象十分普遍，存在输入我国并扩散的风险。

438 传染性肌肉坏死病的临床初步诊断依据有哪些？

养殖南美白对虾出现长时间持续发病死亡，且难以有效防治；养殖池中虾体反应迟缓、聚集、体色发白；观察病虾腹节和尾部肌肉组织有无点状或扩散性坏死；移去腹节末梢和尾扇腹节表皮，可发现白色或不透明的肌肉组织；网捕或喂食等刺激后，坏死症状虾体突然增多等症状。以上症状可作为南美白对虾肌肉坏死病的临床初步诊断依据。

439 发现疑似传染性肌肉坏死病应如何进一步确认？

对疑似传染性肌肉坏死病做进一步确认，可取病虾坏死肌肉压片，观察有无坏死和断裂肌纤维；病虾坏死肌肉区域是否出现血淋巴细胞聚集、血淋巴细胞浸润肌肉组织等现象；并取病虾淋巴器官压片，观察是否存在大量圆形细胞。如观察到上述现象之一，则要尽快进行病毒检测。病毒检测可采用逆转录聚合酶链式反应（RT-PCR）技术进行标准检测，也可用国内及台湾有关公司研制的快速诊断试剂盒，且有些试剂盒对实验室条件无严格要求，适合于现场检测。对本病应该与缺氧引起的肌肉白浊、野田村病毒感染引起的肌肉坏死病相区别。

440 什么是南美白对虾黄头病？

南美白对虾黄头病（yellow head disease，YHD），是由黄头病毒引起的对虾传染性疾病。典型症状的发病虾，可出现肝胰腺发黄，使得头胸部变成黄色，因此称为黄头病。由于这一类病毒主要感染南美白对虾的鳃，在病毒分类上统一称之为鳃联病毒（GAV）或鳃相关病毒。目前，已发现同属病毒 8 个，又称为黄头病毒复合群，引起黄头病的称为黄头病毒 1 型（YHV1）。我国最早于 2012 年在养殖南美白对虾检出到黄头病毒，其可能与南美白对虾早死综合征有一定关联，有关危害和传播情况尚不明确。

441 如何诊断南美白对虾黄头病？

黄头病毒可根据临床症状进行初步诊断。典型症状的发病虾，可出现肝胰腺发黄，使得头胸部变成黄色。黄头病发病虾可迅速大量死亡。发生黄头病的对虾，经常会出现患病虾摄食量大增，然后突然停止的过程，此后 2～4 天，养殖虾可出现头胸部发黄、全身发白等临床特征，并出现大量死亡。濒死虾多聚集池塘角落，肝胰腺比正常虾软且发黄，与健康虾的肝胰腺一般为褐色形成明显差异。

442 **南美白对虾患虾虹彩病毒有何症状？**

虾虹彩病毒是近年来新发生于南美白对虾的疾病。发病南美白对虾，可出现空肠空胃、肝胰腺发白、软壳、体色变红、游泳足发黑等症状；濒死个体会失去游动能力，沉入池塘底部而死；发病严重时，病虾可大批游至池边或大量在池中漫游，并发生大量死亡，死亡率可达 50％ 以上，给南美白对虾养殖生产带来危害。

443 **如何诊断南美白对虾虹彩病毒病？**

感染虹彩病毒的南美白对虾，可出现空肠空胃、肝胰腺发白、软壳、体色变红等症状。其中，肝胰腺发白、萎缩是虾虹彩病毒感染的特征性症状。此外，南美白对虾发病群体还可出现黑脚等症状。发病严重时，病虾可大批游至池边或大量在池中漫游，并发生大量死亡，死亡率可达 50％ 以上。目前，已经根据虾虹彩病毒的基因序列，设计了套式 PCR 或基于 TaqMan 探针的荧光定量 PCR 检测方法；此外，还基于恒温扩增原理，建立了基于微流控芯片或基于其他恒温扩增的技术。上述技术均可作为现场的病毒快速检测，在 1 小时左右完成，大大方便了养殖场的现场检测。

444 **南美白对虾弧菌病有什么症状？**

南美白对虾弧菌病，是指由弧菌属细菌引起的各类对虾弧菌感染。南美白对虾不同养殖阶段、不同养殖环境可发生多种不同的弧菌病，从而引发对虾红腿病、对虾烂鳃病、对虾甲壳溃疡病、对虾肌肉白浊病、对虾黄鳃病、对虾烂眼病、对虾烂尾病、对虾幼体荧光病和对虾细菌性败血病等多种病症。各种弧菌引起的疾病症状，因弧菌致病性和菌株不同，有较大差异。但其主要的共同症状，为南美白对虾沿塘边漫游、对外界反应迟缓、摄食率下降或停止摄食、中肠内无食物或者充满脓状物质、肝胰腺肿大、血淋巴不易凝固及颜色由淡蓝色变为微红色等。

445 弧菌病可造成南美白对虾多大的损失？

因弧菌感染造成的损失，在南美白对虾养殖病害损失中占有极大的比例。这些损失包括由致病力较强的弧菌感染造成的直接损失，也包括有时因病毒感染、寄生虫感染以及各种环境条件不良，造成南美白对虾抗病力下降，引发的弧菌继发感染，且弧菌的继发感染造成的南美白对虾死亡和损失很难准确估算。特别是近年来，出现了许多对南美白对虾有较强毒力的新型菌株，叠加一些养殖户为追求高产，虾苗放养密度过高、肥水不当、投喂过度，引起水体富营养化，导致水质恶化，水体和虾体弧菌总量大幅提高，使得南美白对虾因弧菌造成的病害有上升的趋势，且损失比以往更为严重。

446 引起南美白对虾疾病的弧菌主要有哪些？

目前，从发病对虾体内分离和报道过的主要弧菌有近 20 种弧菌。其中，使南美白对虾感染较为严重的有副溶血弧菌、溶藻弧菌、哈维弧菌、创伤弧菌等。副溶血弧菌和溶藻弧菌，可使南美白对虾出现肌肉发白、黑鳃、红体等症状，感染虾血淋巴液混浊、凝固力减低、血球减少，且溶藻弧菌还可导致鳃丝变黄和变黑、甲壳溃疡等；鳗弧菌具有分解几丁质能力，可侵蚀虾外壳，影响虾蜕皮，但通常死亡率不高；哈维弧菌和灿烂弧菌，可导致幼体荧光病，并出现虾体白浊，在黑暗中可发出绿色荧光，可造成虾苗阶段严重损失。近年来，造成浙江省南美白对虾发病的主要弧菌种类为副溶血弧菌、溶藻弧菌、坎氏弧菌、费氏弧菌、哈维弧菌等。其中，副溶血弧菌有较大的比例。

447 **如何预防和控制南美白对虾弧菌病？**

通常将引起弧菌病的弧菌分为强致病性、条件致病性两大类。其中，强致病性弧菌携带强致病性毒力基因，是目前引发对虾弧菌病急性暴发和引起巨大死亡的重要病原，应按疫病的防控办法，从苗种开始对毒力基因开展检测，严防相关致病弧菌进入养殖体系；对于条件致病性弧菌，其通常存在于养殖水体和虾体中，但平时不表现出致病力，当养殖环境恶化时，这类弧菌可入侵对虾体内，引起对虾弧菌病。因此，对于因病原入侵造成继发感染的条件致病弧菌，通过控制养殖环境，可有效控制和降低继发感染的发病率和死亡率。

448 **什么是弧菌鉴别性培养基？**

弧菌鉴别性培养基，又称弧菌选择性培养基，是指采用特定的营养组成、杂菌抑制剂和显色剂，使弧菌能专一性生长的选择性培养基。采用这种培养基，对弧菌生长有良好的选择性，其他杂菌较难在选择性培养基上生长，结合弧菌主要种对不同糖的代谢利用和特定的显色剂，可使重要弧菌呈特征性显色，大大提高分离和鉴别效率。

449 目前常用的弧菌鉴别培养基有哪些？

目前，水产上使用最多的弧菌鉴别性培养基，是硫代硫酸钠柠檬酸盐胆盐蔗糖琼脂培养基，简称 TCBS 培养基。这是一种对弧菌具有高度选择性培养能力的培养基。利用一些弧菌可在 TCBS 中形成特定的菌落，如副溶血弧菌可在 TCBS 中形成深绿色菌落，霍乱弧菌可在 TCBS 中形成黄色菌落，大大方便了对水体和虾体中弧菌的特异性分离能力。另外，还有法国科玛嘉公司研制的科玛嘉细菌显色培养基（CHROMagar）。科玛嘉弧菌培养基针对副溶血性弧菌、创伤弧菌和霍乱弧菌的显色特征而设计，副溶血性弧菌菌落呈紫红色，创伤弧菌/霍乱弧菌呈蓝绿色至翠蓝色，溶藻弧菌呈无色，也有良好分辨性。

450 如何利用 TCBS 培养基评判养殖池水质和南美白对虾健康状况？

近年来，水产养殖者广泛使用 TCBS 培养基，利用其生长弧菌菌落的颜色和数量，对育苗池水体弧菌作出定性和定量评价、对养殖池水体水质和虾体健康状况作出初步评判。根据绿色菌落为副溶血弧菌，大多具强致病性；而黄色菌落多为溶藻弧菌等低毒力弧菌。如出现大量绿色细菌菌落（绿弧菌），则认为是水质恶化和南美白对虾感染弧菌病的征兆；如以黄色菌落为主，则认为问题不大。这种利用弧菌鉴别性培养基的方法，比起单凭经验判断疾病，在技术上有了较大提高。如能深入了解其原理，提高其应用技能，将对养殖生产起到更好的辅助判断价值。另外，因弧菌存在多样性，故养殖者应尽量保存培养平板，为水产技术部门和实验室进一步开展弧菌致病性研究提供技术依据。

451 **怎样提高 TCBS 培养基使用观察的准确性？**

使用 TCBS 等鉴别性培养基，需要注意观察菌落的时间和菌落颜色。由于弧菌利用糖类产酸（黄色菌落）或产碱（绿色或深绿色菌落）的过程，并不是一成不变的。有些弧菌会在培养初期显示黄色，后期显示绿色，有些则倒过来。所以选择不同的时间点进行观察，会产生不同的结果，影响最终的评判。最好的办法是，培养到 15～18 小时时观察一下细菌菌落的颜色，把绿色菌落用记号笔标记一下，24～28 小时后再标记 1 次，这样会提高 TCBS 培养基使用观察的准确性。

452 **什么是南美白对虾急性肝胰腺坏死病/早死综合征？**

南美白对虾急性肝胰腺坏死病/早死综合征，是指发生于南美白对虾养殖早期（20～30 日龄）的一种疾病。其可使病虾出现生长缓慢、体色发白、螺旋式游动等症状。发病虾早期肝胰腺肿大，后期部分虾可出现明显的肝胰腺萎缩（图 9）。由于该病的发生伴随严重的肝胰腺症状，NACA 将该病命名为急性肝胰腺坏死综合征（AHPNS）。因副溶血弧菌可分泌 Pir 毒素，破坏

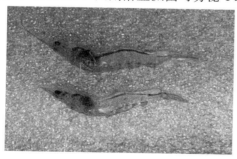

图 9　急性肝胰腺坏死病发病虾
（沈锦玉提供）

虾体组织，导致虾肝胰腺受损，且发病迅速、造成损失巨大，具有其他弧菌所不及的致病性和毒性。因此，目前国际上将副溶血弧菌作为该病的主要病原，并将该病统一称为"急性肝胰腺坏死症-副溶血弧菌型（AHPND$_{VP}$）"，以区别于其他弧菌引起的肝胰腺坏死症。

（453） 如何诊断南美白对虾急性肝胰腺坏死/早死综合征？

临床诊断南美白对虾急性肝胰腺坏死/早死综合征，主要是观察发病南美白对虾是否表现出肝胰腺萎缩、颜色变浅、空肠空胃、失去活力等症状，且病虾常为急性死亡，死亡率高达 100%。实验室诊断方法由世界动物卫生组织提出，以 PCR 和套式 PCR 方法为主，其准确诊断是基于针对 PirA 或 PirB 的检测。目前，已经建立了 PCR、实时 PCR 及基于恒温扩增等多种核酸扩增方法、核酸杂交法，或基于检测 PirAB^{VP} 毒素蛋白的免疫学方法。

（454） 如何预防和控制南美白对虾病毒病的发生？

病毒病是南美白对虾发病死亡的主要原因，但目前尚无有效的治疗控制办法。主要采取预防控制措施，通过加强苗种检疫，选用无特定病原（SPF）的虾苗，杜绝病毒通过苗种入侵养殖塘；加强对养殖池、蓄水池、沉淀池、尾水池等的清塘消毒和养殖用水的预处理；根据水源环境、虾池设施设备、生产管理经验、虾苗规格等条件确定放养密度；强化水质调控，及时集污排污，合理施用有益微生物制剂，保持水体菌藻良好稳定，溶氧充足，环境健康；全程使用专用人工配合饲料，适当添加中草药和免疫促进剂，提高虾体细胞免疫力，减少疾病感染概率；强调环境防控，避免场外病害携带入场；当附近发生虾病时，应停止取水；注重生产用具定期消毒；提倡生态化混养。

七、淡化养殖技术模式

南美白对虾淡化养殖有多种模式，且各具特点，但无论何种模式都不是一成不变的，也没有一种养殖模式是完全孤立于其他模式之外的。南美白对虾不同的养殖模式，既是一定时间内养殖成果的反映，也是不同发展阶段养殖技术水平的反映。从已有的各种养殖模式及其发展过程来看，南美白对虾养殖模式的总体发展，应有利于养殖产品质量和效益的提高，有利于切断各种暴发性流行病原的横向传播，有利于养殖区及其周围水域环境的保护。

(455) 南美白对虾淡化养殖模式有哪些？

从养殖品种结构方式看，南美白对虾淡化养殖有专养与混养之分，专养即单一养殖南美白对虾，混养是指在南美白对虾养殖过程中套养鱼、虾、蟹、鳖等其他水生动物品种的养殖模式；从养殖设施条件看，南美白对虾淡化养殖又可分为大棚设施养殖、高位池精养、工厂化循环水养殖和土池生态化养殖等；从池塘结构条件看，南美白对虾淡化养殖可分为全土池养殖、水泥护坡底泥池养殖、全水泥池养殖、薄膜覆盖池养殖等；从虾苗培育放养看，南美白对虾淡化养殖可分为直接养殖、分级养殖，且考虑分级操作对养殖虾类摄食、生长、成活率的影响及工作量，分级养殖一般以二级养殖为佳，不宜过多。

456 为什么南美白对虾可与其他水生生物混养？

南美白对虾与其他水生生物的混养，主要是依据物质多层次利用、物种共生、生态平衡等生态学理论，将其与其他水生生物按一定数量比例在同一虾池中进行养殖。既利用了不同生物之间生态习性和活动空间的差异性，实现了生态位上的空间互补，水体垂直空间得到利用，提高了水体利用率，又通过各级食物链的相互衔接，充分利用虾池中各种天然饵料资源或人工配合颗粒饲料，提高饵料物质和能量的利用率，促进虾池水质自我净化和稳定。还可通过食物链上的摄食与被摄食关系，利用其他水生生物的杂食性，及时摄食掉池塘内行动迟缓的弱质虾、病虾或死虾，有效阻断南美白对虾病源的传播，抑制南美白对虾的发病率，从而保障南美白对虾养殖的稳产，提高养殖的整体效益。

457 南美白对虾生态混养的主要模式有哪些？

经过众多科研人员和养殖从业人员的多年实践发现，南美白对虾可与鱼、虾、鳖、蟹、贝、藻、参等几十种水生生物进行混养。就淡化养殖而言，主要有虾鳖（中华鳖）、虾虾（罗氏沼虾）、虾鱼（斑点叉尾鮰、草鱼、鲤、鲫、鲻、罗非鱼等）、虾蟹（中华绒螯蟹）等双种类混养模式，以及虾蟹鱼（中华绒螯蟹与鳜、中华绒螯蟹与翘嘴红鲌等）、虾鳖鱼（中华鳖及鳙、鲢或鲫等）多种类混养模式。而海水养殖除有虾鱼（鲈、真鲷、黑鲷、东方鲀等），虾蟹（三疣梭子蟹、锯缘青蟹），虾贝（文蛤、缢蛏、毛蚶、泥蚶等），虾藻（海带、紫菜、裙带菜、羊栖菜等）等双种类混养模式，也有鱼虾贝、鱼虾蟹、虾蟹贝、虾鱼贝蟹等多种类混养模式。

458 南美白对虾双种类混养与多种类混养有什么差别?

南美白对虾双种类混养与多种类混养的差别,除了与南美白对虾进行配套养殖的其他水生经济生物种类是一种或两种以上之别外,更重要的是与双种类混养相比较,多种类混养因各种混养生物在空间分布(上、中、下、底层)和食性结构(动物食性、植物食性、杂食性和吞食性、滤食性、刮食性)上的互补性以及在能量和物质循环上的偶联性利用更为充分。因而在虾池生物群落结构优化,虾池物质和能量转化率提高,虾池生态环境稳定等方面更胜于双种类混养,虾池的综合经济效益和生态效应也更加显著。

459 为什么南美白对虾可与甲鱼混养?

依据生物的不同习性,南美白对虾主要游动空间在养殖水体中下层,而甲鱼主要爬行在养殖池底,南美白对虾与甲鱼两种生物之间的活动空间存在差异。因此,可利用两者在生态位上的空间互补,实现立体养殖、生态混养。而且南美白对虾具有蜕壳过程较快、蜕壳恢复时间较短的特点,健康虾体一般不太容易被甲鱼捕食,只有那些行动迟缓的弱质虾、病虾或死虾才易被甲鱼捕食。因此,只要控制好南美白对虾、甲鱼两者的放养数量和相互比例,掌握饵料的正确投喂方法及剂量,两者的混养不会造成南美白对虾被甲鱼大量摄食而影响产量的问题。

460 南美白对虾与甲鱼混养有什么优点?

南美白对虾与甲鱼混养,使得池塘水体空间得以立体利用,提高了水体空间利用率;通过甲鱼吞食大颗粒饲料,南美白对虾利用残饵粉末的食物链衔接,提高了物质和能量的利用效率,减少了池塘内饲料污染，使池塘中有机物含量得以降低；利用中华鳖摄食弱质虾、病虾、死虾，从而有效消除南美白对虾疾病的传染源，阻断其疾病的传播途径，控制住南美白对虾流行性疾病的大规模发生和蔓延，有效降低发病率，提高成活率；利用中华鳖经常搅动底部淤泥的习性，发挥其"清道夫"作用，促进养殖池底有机物挥发，有利于保持养殖池水质稳定。

461　虾鳖混养的技术模式有哪几种？

虾鳖混养，依据南美白对虾与中华鳖放养数量、比例的不同，可分为三种模式。模式一，以南美白对虾为主、以中华鳖为辅类型：放养密度为南美白对虾 4 万～6 万尾/亩，中华鳖为 30～100 只/亩；模式二，以中华鳖为主，以南美白对虾为辅类型：放养密度为中华鳖 300～500 只/亩，南美白对虾 2 万～3 万尾/亩；模式三，南美白对虾与中华鳖并重类型：放养密度为南美白对虾 3 万～4 万尾/亩，中华鳖 150～250 只/亩。

462　虾鳖混养有什么技术要求和特征？

与南美白对虾专养模式相比，虾鳖混养因南美白对虾、中华鳖生物特性的差异，而显现不同的技术要求；而不同的生态混养模式之间，又因南美白对虾、中华鳖放养比例的不同，而显示出不同的技术特性。其主要体现在中华鳖的防逃和食台及晒背台等设施建设、南美白对虾与中华鳖的苗种放养时间和比例、投饲管理、增氧设施设备的选择和配置、虾鳖捕捞工具的选择和安置等环节。

463　开展虾鳖混养的池塘需进行怎样的改造？

因鳖的生物特异性，虾鳖混养必须对养殖池塘加以改造，增添防逃、食台及晒背台等设施，以满足中华鳖养殖需求。为防鳖逃逸，水泥或预制板护坡池塘，可在四周沿口建10～15厘米的挑檐；普通土池，则在池塘四周用铝铁皮或塑料板等建高50厘米左右的防逃围栏设施，要求转角和接口处平整无缝隙，四角呈圆弧形。为满足中华鳖的摄食和生长活动需要，应按每塘搭建3～6个食台或按每60～80只鳖搭建一块石棉瓦作为食台予以配比。食台用65厘米×180厘米的石棉瓦倾斜搭建于池塘四周，并保持一半没于水下。晒背台为 Λ 形毛竹片架，按每5亩搭建1个，每个10～12米² 予以配置。

464 **虾鳖混养中鳖种放养有什么技术要求？**

虾鳖混养的鳖种规格，以250～400克/只为宜。鳖种的最适放养时间是在虾苗放养后1个月，当虾体长至5～6厘米时，水温稳定在25℃以上。若是室外虾池养殖，则要求连续晴朗3天以上，以确保水温稳定；若是大棚养殖，只要水温达标即可。放养的鳖种如来自温室，则应提前7天降温至与虾池水温一致，保证幼鳖对水温的适应性，提高养殖成活率。鳖种放养入池前，需药浴浸泡消毒处理。为保证鳖种有足够的生长周期，并使南美白对虾具足够的活力逃避鳖的捕食，虾苗的放养最佳时间应在4月中下旬至5月初。虾鳖混养，可同时搭养少量吃食性、滤食性鱼类，规格要求在50克/尾以上，且吃食性鱼类放养时间要求与鳖种相同。

465 **虾鳖混养投饲管理的关键是什么？**

虾鳖混养投饲管理的关键是，根据南美白对虾与中华鳖混养的不同模式，综合考量南美白对虾与中华鳖的放养密度和相互匹配的比例，进行投饲的差异化管理，这也是虾鳖混养成功的关键技术之一。虾鳖混养投饲管理，既要根据南美白对虾不同生长周期，选用不同粒径和蛋白含量的专用颗粒饲料，以确保虾类摄食适口和整个生长周期中对营养的不同需求；又要根据中华鳖的混养数量，确定鳖专用颗粒饲料的投放与否及数量。

466 **虾主、鳖辅混养模式的投饲有哪些要求？**

虾主、鳖辅的混养模式，其投饲要点是"重投虾料，不投或少投鳖料"。即鳖的放养量为 30 只/亩以下，只投虾料，不投鳖料；鳖的放养量在 30～100 只/亩，少量投喂鳖饲料，每天 1 餐。且因南美白对虾具有群体优势，抢食能力较鳖强，所以应先投喂虾料，0.5～1.0 小时后再投鳖料。虾料投喂应循序渐进，虾苗下塘后先选用南美白对虾 0 号粉碎料，并逐步加量。放养约 30 天后，逐步添加南美白对虾 1 号料。等虾体达到 3 厘米时，改为 1 号料为主；中期等虾体达到 200 只/千克左右时改为 2 号料；后期适当添加 3 号料。虾料日投喂早、晚 2 次，按 30%～40%、70%～60%分配。投饵量以 1.0～1.5 小时吃完为宜，并视天气、水质和南美白对虾的生长活动情况，适时、适量调整。

467 **鳖主、虾辅混养模式的投饲有哪些要求？**

鳖主、虾辅的混养模式，其投饲要点是"混养阶段只投鳖料，不投虾料"。此模式下，在中华鳖放养前，南美白对虾饲料投喂参照以虾为主模式。在中华鳖放养后第二天，即开始投喂中华鳖配合饲料，同时停止投喂南美白对虾饲料。中华鳖颗粒饲料每天早晚按 30%和 70%各投喂 1 次，饲料摄尽时间适当延长为 2.0 小时，以保证南美白对虾有足够的"残饵"可以摄食，并根据天气、水质和中华鳖的生长活动情况灵活掌握。特别是当南美白对虾发生疾病时，可适度减少甚至完全停止投喂鳖饲料，让鳖以摄食病死虾、弱质虾为先，从而减少、消除南美白对虾疾病的传染源，阻断其疾病的传播途径。

468 **虾鳖并重混养模式的投饲又有哪些要求？**

虾鳖并重的混养模式，其投饲要点是"既投虾料，又投鳖料"。中华鳖在放养后第二天即可投喂配合饲料，每天投喂 2 次。先投鳖饲料，1 小时后再投喂虾饲料，让鳖尽量在较安静环境下摄食。而且，先投喂鳖饲料、后投喂虾饲料，可充分利用鳖饲料之碎、粉部分供南美白对虾食用，减少南美白对虾饲料用量，降低南美白对虾饲料系数。此模式下，南美白对虾饲料的投喂参照以虾为主模式，中华鳖饲料的投喂参照以鳖为主模式。与鳖主、虾辅混养模式相同，当南美白对虾发生疾病时，可适度减少甚至完全停止投喂鳖饲料，利用鳖摄食病死虾、弱质虾，从而阻断南美白对虾疾病的蔓延。

469 **虾鳖混养怎样正确选择配置增氧设备？**

虾鳖混养，必须配备适当的增氧设备，但与南美白对虾专养又有所差异。由于鳖有晒背习性，喜欢攀爬到叶轮式增氧机叶盘上晒背，为避免叶轮式增氧机开启瞬间打伤鳖，因此，虾鳖混养应选用涌浪式增氧机与水车式增氧机，并应同时采用表层环流式增氧与底层充气式增氧相结合方式，确保水体溶氧充足，以免南美白对虾缺氧浮头，导致虽未死亡，但活动能力减弱而被鳖大量摄食，造成比专养模式更大的损失。虾鳖混养增氧机功率匹配参照南美白对虾专养模式，按每千瓦负荷 1～2 亩养殖池，或每千瓦负荷 500 千克南美白对虾进行配置。

470 **虾鳖混养如何安排实施捕捞？**

虾鳖混养通常在 8 月下旬，当南美白对虾达到上市商品规格时，就可采用地笼诱捕。及时分批分期捕捞南美白对虾，捕大留小，直至南美白对虾绝大部分起捕后，或者在水温下降至 16℃以前，排去绝大部分池水后，用拉网将南美白对虾全部捕捞干净。中华鳖则通常在 10 月以后才陆续起捕上市，或转入专池暂养，或一直原池养殖到春节前后捕捞上市，特殊的甚至跨过年度捕捉等。而前期随南美白对虾诱捕时捕捉到的、或者随南美白对虾清塘拉网捕捞时捕捉到的中华鳖，可根据销售安排陆续上市或转入专池暂养。

(471) 虾鳖混养捕捞收获时应注意哪些事项？

捕捞收获是虾鳖混养取得成功的最后一步，切不可大意。用地笼捕虾时，应缩小地笼入口尺寸至 6～8 厘米，或者在地笼入口处缝制网目为 6～8 厘米的网片加以阻隔，或者在地笼入口处用 6 毫米钢筋做成直径为 8～10 厘米的箍与网衣连接阻挡，以避免鳖误入地笼而使地笼内的南美白对虾受到鳖的挤压而死亡损伤，鳖则因误入地笼时间过久而在地笼内憋死。用拉网捕捞时，则应先用网目≥5 厘米的拉网捕鳖，再用小网目拉网捕虾，以免虾鳖混合翻动使虾损伤或死亡。捕捞阶段，应注意寒潮侵袭，当气温温差在 8℃以上时，应暂停捕捞。而当水质突然变坏或是南美白对虾出现不正常现象时，则要尽快提早捕捞销售。在水温下降至 16℃以前，应将南美白对虾全部捕捞完毕。

(472) 怎样调控虾鳖混养池塘水质？

虾鳖混养池塘水质调控，可采用物理、化学和生物等方法。①物理调节：养殖前期，每天加水 3～5 厘米，至水位达 1 米以上；养成中后期，每隔 10～15 天加换新水，每次换水 1/5～1/4；6—8 月高温时节适当增加频率，保持水体透明度在 30～40 厘米。

②化学调节：每隔半个月，全池泼洒生石灰 15 毫克/升，调节池水 pH，增加蜕壳所需钙质，且可与漂白粉 1～1.5 毫克/升或二氧化氯 0.3～0.4 毫克/升交替使用，以消毒水体；同时，根据水质情况不定期地使用沸石粉等底质改良剂。③生物调节：根据池塘水质和养殖对象生长情况，不定期地泼洒光合细菌、有效微生物（EM）等有益微生物制剂改善水质，用法及用量参照使用说明。

473 虾鱼混养是怎样一种技术模式？

通常虾鱼混养技术模式，是指在养殖南美白对虾的同时，综合考虑池塘生物容载能力，利用食物链的关系，合理搭配不同食性（滤食性、杂食性和肉食性）的鱼类品种，从而建立起多物种的生态平衡体系。利用物种间生态位的互补关系，进行生态养殖的技术模式。从虾鱼混养的目的来看，主要是利用食物链关系。当养殖南美白对虾出现疾病时，利用养殖鱼类摄食病死虾、弱质虾，消除传染源，切断传播途径，以达到防治南美白对虾疾病的目的。因此，虾鱼混养技术模式实质上是一种生物防控技术，可摆脱药物防控的传统做法，确保南美白对虾生态健康养殖和产品安全，并同时兼具促进养殖池底有机物挥发，有效减少残饵污染，实现养殖池水质生物调控，促进南美白对虾养殖高产、稳产的作用。

474 适宜虾鱼混养的鱼类品种有哪些？

根据各地试验总结、典型示范及实践报道，目前与南美白对虾淡化养殖相配套、适宜虾鱼混养的吃食性鱼类有鲇（胡子鲇、大口鲇）、黄颡鱼等；杂食性鱼类有斑点叉尾鮰、湘云鲫、异育银鲫、草鱼、鲤、锦鲤、鲻、罗非鱼等；适宜放养的滤食性鱼类有鲢、鳙等。实际生产中为确保南美白对虾产量、又发挥鱼类

"清道夫"作用，阻断南美白对虾病源的传播，宜选择杂食性鱼类混养为主、适当套养滤食性鱼类的混养模式。混养的鱼种要求规格整齐，体质健壮，无病无伤。

475 **虾鱼混养模式有几种？**

南美白对虾与鱼类混养有多种模式，在此提供当前江浙地区以虾为主、以鱼为辅的三种主要混养模式以供参考（表3）。

表3　南美白对虾与鱼类混养参考模式

主要混养模式	主要混养品种	放养密度（尾/亩）	放养规格（克/尾）	放养时间
模式一	鲫或鲂	20～30	50～100	虾苗3厘米后
	鲢、鳙	30～50	100～200	虾苗放养15天后
模式二	湘云鲫或异育银鲫	100～200	50～100	虾苗放养15天后
	鲢、鳙	30～50	100～200	虾苗放养15天后
模式三	黄颡鱼	200～300	25～50	虾苗3厘米后
	鲢、鳙	30～50	100～200	虾苗放养15天后

注：①鲢、鳙也可套养夏花，一般放养量为100～200尾/亩；②虾鱼混养池塘也可适当搭养中华鳖日本品系品种，放养量一般为<30只/亩；用锦鲤替代鲫时，锦鲤的放养量按照鲫密度的70%参照放养。

476 **虾鱼混养饲料投喂有何技巧？**

虾鱼混养的主要目的是，利用鱼类"清道夫"的作用。因此，其饲料投喂关键是"搭养鱼类不单独投喂饲料"，虾类投喂参照南美白对虾专养模式，重点根据南美白对虾摄食情况、活动情况、病害情况和虾体规格、残饵情况，适当调整南美白对虾专用颗粒饲料投喂量。通常掌握水质良好、风和日暖时多喂，水质不好、天气闷热、雷阵雨、暴风雨、寒流侵袭时少喂或不喂；南美白对虾大量蜕壳当日少喂，蜕壳1天后要多喂；水温低于

15℃或高于 35℃时，少喂或停喂等原则。

477 **虾鱼混养渔药的选择有何要求？**

虾鱼混养过程中南美白对虾、鱼类共同生活于同一水体中，因而针对鱼类的用药不可避免会作用于南美白对虾，并对南美白对虾造成影响；反之亦然。但因两者对药物的敏感性不同，以及以虾为主、以鱼为辅的养殖目的，因此，在渔药的选择使用上，特别是治疗鱼类疾病使用渔药时，要特别注意其对南美白对虾的影响，以免误伤南美白对虾，造成重大的经济损失。通常，环境改良剂、微生态制剂对南美白对虾、鱼类均有利，生产中也较易操作。有机磷杀虫剂、菊酯类杀虫剂不能使用，而含氯消毒剂、阿维菌素等的使用也需慎重，建议使用对南美白对虾刺激性较小的碘制剂、溴制剂。

478 **南美白对虾与鮰混养的好处有哪些？**

斑点叉尾鮰为杂食性鱼类，主要在水体底层生活，南美白对虾则在水体中下层生活。在南美白对虾淡化养殖塘中套养一定数量的鮰，不仅可有效利用水体的垂直空间，最主要的是南美白对虾吃剩的饲料和残渣能被鮰摄食，提高了饲料的综合利用率，从而减少养殖水体中有机物含量，降低水质恶化概率；同时，鮰吞食游动缓慢、弹跳力弱的病虾以及死虾，充当"清道夫"，起到及时清除、减少疾病传染源的生物防治作用，而对弹跳力强、行动敏捷的健康南美白对虾难以捕食，且因惧怕南美白对虾身上的长刺而远远退避。所以，利用两种生物的不同特性，开展南美白对虾和鮰的生态混养，能有效改善养殖生态环境、控制南美白对虾淡化养殖病害的发生蔓延，从而实现增产、增效。

479 南美白对虾养殖池塘套养鮰与套养甲鱼相比有什么优势?

相对来说,套养鮰的南美白对虾养殖池塘,不用建造专门的防逃设施,不用搭建食台和晒背台,也不用对套养鮰进行单独的饲料投喂,操作管理更简便易行。而且鮰鱼种价格相对甲鱼苗种价格又较低,因此整体生产成本更低,养殖风险更小。而对促进南美白对虾养殖稳产增产效果与套养甲鱼相当,甚至优于套养甲鱼。因此,南美白对虾养淡化殖池塘套养鮰模式比较优势明显,更易于为虾农所接受,应用前景广阔。

480 怎样确定套养鮰放养时间?

套养斑点叉尾鮰的放养时间不宜过早,一般选择在南美白对虾放养 1 个月后。当南美白对虾生长至 3~5 厘米时,放养鮰开展套养较为适宜。套养鮰放养过早,因南美白对虾虾体还比较弱小,弹跳力不强,自身防卫能力差,很容易被鮰摄食,从而影响南美白对虾淡化养殖整体存活率和产量;套养鮰放养过迟,鮰摄食病虾、死虾的能力偏弱,对养殖池塘水质调控、南美白对虾病害防控的生物作用就不能充分体现,也不能保证鮰有足够的生长期,达到当年上市,比较效益降低。

481 虾鱼混养时鮰套养密度多少较合理?

南美白对虾淡化养殖,套养一定数量的斑点叉尾鮰,对调控水质、防控虾病具有明显的成效。但是,如果套养的鮰数量过少,则可能达不到预期效果;反之,如果套养的鮰数量过多,就有可能对健康南美白对虾造成威胁,轻则抢食虾饲料,重则追逐、摄食健康虾,使南美白对虾受到惊吓,影响南美白对虾的健康生长甚至产量。一般在南美白对虾养殖池塘中，鲴的套养密度为 20～30 尾/亩。

482 **南美白对虾套养鲴模式，如何做到科学合理投喂？**

南美白对虾套养鲴模式，养殖全程以南美白对虾淡化养殖投饲标准为参考，只投喂南美白对虾配合饲料，不单独投喂鲴饲料。早期，虾苗刚放入池中时，在基础饵料培育较好的情况下，因池塘水质较肥，水温偏低，南美白对虾个体尚小，摄食量不高，一周内可视饵料情况暂不投喂；7—8 月，随气温、水温的升高，南美白对虾进入生长旺季，应适当加大投饵量，定期在饵料中添加维生素 C、免疫多糖等，用以增强南美白对虾的免疫力和抗应激能力。坚持"少量多次，日少夜多，晴多雨少，均匀投撒"的投饵原则，设置饵料观察台，并根据每天天气和南美白对虾的摄食情况，确定当日投喂量，每天投饵 3～4 次，夜间投饵占日投饵量的 40%。

483 **南美白对虾套养鲴模式下，如何调节池塘水质？**

坚持每天测定水温、pH、亚硝酸盐、氨氮等水体的各项常规指标，如有问题应及时采取相应措施。养殖前期不换水，逐步加水使水位达 1.2 米以上；养殖中期进行有控制地换水，保持水位 1.5～2.0 米；养殖后期及盛夏高温季节，以维持水环境的稳定性为原则，视水质情况可每天以底排方式进行换水，每次换水量不超过 5%。养殖前期，每天可间歇性开机增氧 1～2 小时；在养殖中后期，则应适当延长开机的增氧时间。养殖期间可以使用生石灰、微生物制剂等来调节水质，以保持水质指标控制在 pH 7.8～8.5，溶解氧 5 毫克/升以上，透明度 20 厘米左右。

484 南美白对虾套养鲴，如何进行捕获？

通常南美白对虾经过 90 天左右的精心饲养管理后，有一大部分体长已达 10 厘米以上，此时即可采取轮捕疏养、捕大留小的原则和方法。分一次或多次进行捕捞上市，直至干塘捕捞；鲴则可干塘时捕获上市。

485 南美白对虾与罗氏沼虾为何还能一起混养？

南美白对虾和罗氏沼虾混养模式，一般是指以养殖南美白对虾为主、适量套养罗氏沼虾的一种养殖模式。两种虾虽然同为底栖甲壳类动物，生活习性相似，但又有所区别。罗氏沼虾属杂食性，偏爱动物性食物，其活动能力比南美白对虾弱，但习性比南美白对虾凶猛，因而对健康南美白对虾没有威胁，却能摄食病弱或死亡的南美白对虾以及南美白对虾吃不完的残饵。而且罗氏沼虾通常不进地笼，不影响南美白对虾轮捕作业。因此，在一定的放养比例下，南美白对虾和罗氏沼虾可以共同"生活"，一起混养。

486 南美白对虾与罗氏沼虾混养有什么优势？

南美白对虾与罗氏沼虾混养模式，主要是针对南美白对虾池塘淡化养殖疾病易发多发而展开。其意旨在利用罗氏沼虾的"清道夫"作用，阻断南美白对虾病原体传播途径；同时，利用两种虾各自特点形成相辅相成、相对稳定的周期生态系统，充分挖掘和提升饲料的应用效力，降低水体污染程度，调控养殖环境，起到维持养殖池塘底质的清洁、水体的净化和水质的稳定，确保养殖稳产增效。

487 南美白对虾与罗氏沼虾混养时放养比例多少为宜？

南美白对虾和罗氏沼虾虽然可以混养，但当混养的罗氏沼虾达到一定种群数量时，由于两种虾都是底栖甲壳类动物，生态位相同，不可避免地会产生生存竞争。因此，必须合理控制罗氏沼虾放养密度，使两种虾混养能充分利用各自特点与共性，形成相辅相成、相对稳定的养殖生态系统，以实现提升饵料应用效力、降低水体污染程度、控制疾病传播、降低病害发生率的目的。通常，两者混养总密度控制在 8 万尾/亩左右，其中，南美白对虾放养密度为 4 万～5 万尾/亩，南美白对虾与罗氏沼虾放养比例为（5～1.5）：1。

488 **南美白对虾与罗氏沼虾混养模式，如何进行苗种放养？**

因该模式主要针对南美白对虾室外池塘淡化养殖，因此，一般在 4 月中下旬至 5 月上旬，放养规格为 1.0 厘米左右的南美白对虾苗种 4 万～5 万尾/亩；5 月中下旬，放养规格为 1.0～1.5 厘米的罗氏沼虾苗种 3 万～4 万尾/亩。或在 4 月中上旬，将规格为 1.0 厘米左右的南美白对虾虾苗，先在淡化养殖场内经大棚或小棚标粗培育，当规格达到 3～4 厘米时，再放到淡化养殖池塘中；5 月初，选择规格为 0.8 厘米左右的罗氏沼虾苗，也在大棚或小棚内标粗培育，当规格达到 3 厘米左右时，再放到淡化养殖池塘中，与南美白对虾混养。同时，搭养规格为 250～500 克/尾的鲢、鳙老口鱼种 10～20 尾/亩，以调节水质。

489 **南美白对虾与罗氏沼虾混养模式，如何做到科学投喂？**

南美白对虾与罗氏沼虾混养模式的饲料投喂，与南美白对虾专养模式相同。混养期间全程投喂南美白对虾颗粒饲料，并随南美白对虾不同的生长阶段，投喂相应不同型号的商品饲料。日投饲量为虾体重的 3%～5%，以 2 小时以内吃完为宜。具体看天气状况、虾存塘量、吃食情况等及时调整。

490 南美白对虾与罗氏沼虾混养模式下，如何进行捕捞？

由于罗氏沼虾活动力较差，具不进地笼的习性。因此，南美白对虾与罗氏沼虾混养模式下，若有达上市规格的南美白对虾时，即可选择有利时机及行情需求，用地笼分批"食诱"及时张捕上市，降低密度，提升后期的生长速度。首次起捕时间可安排在南美白对虾养殖期 60～70 天进行，此后，视南美白对虾生长情况和市场需求、生产销售安排等再行捕捞。因南美白对虾虾壳较罗氏沼虾薄，反复拉网捕捞对其损伤较大，易擦伤引起炎症，继而感染群虾。因此，一般当每口地笼诱捕的南美白对虾少于 2.5 千克时，才扦网轮捕罗氏沼虾。直至 9 月中下旬至 10 月中上旬，最后将剩余留塘的南美白对虾与罗氏沼虾一起干塘起捕，分类销售。

491 什么是南美白对虾设施大棚养殖？

南美白对虾设施大棚养殖（图 10），就是在养殖池塘上方搭建全钢架，或砖墙＋钢架，或钢柱（水泥柱、木柱）为支撑柱＋钢丝的框架结构，上面覆盖透光塑料薄膜，并用网绳覆盖拉紧固定，组成相对封闭的温室微环境，开展南美白对虾养殖。

图 10　南美白对虾设施大棚养殖

492 南美白对虾设施大棚养殖有哪些优点？

以江浙两省为例，因受自然气候条件制约，南美白对虾露天池塘适养时间只有 5～6 个月，造成养殖商品虾起捕时间相对集中，销售价格偏低，影响生产效益。而且梅雨季节大量雨水入池，往往导致水质难以控制，虾体因应激反应病害高发。而南美白对虾设施大棚养殖，利用塑料薄膜大棚的保温、挡雨、防风作用，为南美白对虾生长提供相对稳定的养殖水体环境和微气候环境。不但可以实现提前放养苗种，缩短养殖周期，反季节养殖，为一年多茬养殖提供条件，还可避免梅雨季节过多雨水入池引起的虾体应激反应，有效降低发病概率，大幅度提高养殖成功率，提升养殖产量和经济效益。

493 南美白对虾设施大棚养殖如何配套增氧等设施？

南美白对虾设施大棚养殖，因放养密度较露天池塘养殖高许多，因而除了对角配置水车式增氧机外，还应根据池塘大小，中间配置车轮式增氧机、池底配置充气式增氧盘（管）等设施，做到表层环流式增氧与底层充气式增氧相结合。通常，水车式增氧机每塘 2 台以上，每台功率 0.75～1.5 千瓦；底充式增氧设施，按 0.15～0.25 千瓦/亩配置。同时，要加强应急防范工作，配置必要的备用发电机组、提水机械，用于临时性停电、增氧不足等意外情况。配置棚内投饲船，确保饲料投喂到整个养殖池体。

494 什么是南美白对虾反季节养殖？

由于南美白对虾的生物特异性，其生长水温为 15～38℃，因此，除了福建、广东、广西、海南等部分地区外，绝大多数省份通常南美白对虾适宜养殖时节为 5—10 月。为满足人们生活消费需求，提高经济效益，受蔬菜大棚的启发，人们利用设施大棚保温效果，在春季和冬季开展南美白对虾养殖，突破了原有养殖时节限制，实现了南美白对虾反季节养殖，也为南美白对虾一年多茬养殖提供了设施条件。

495 什么是南美白对虾两茬、三茬养殖？

南美白对虾两茬养殖，就是利用设施保温大棚在春季，（2—5 月）开展一茬南美白对虾大棚养殖；然后在夏秋时节，开展一茬露天池塘南美白对虾养殖。南美白对虾三茬养殖，是指利用设施保温大棚，在春季、秋冬季分别开展各一茬大棚养殖，期间在夏秋时节开展一茬露天池塘养殖。

496 怎样安排南美白对虾两茬养殖的时间？

采取南美白对虾大棚＋露天池塘相结合的两茬养殖模式，其第一茬大棚养殖一般在 3 月中上旬放苗，6 月底至 7 月初起捕完毕；第二茬露天池塘养殖一般在 7 月中下旬至 8 月初前完成放苗，在 10—11 月水温低于 16℃前起捕完毕。在采取大棚辅助加热的情况下，则可适当提前第一茬放养时间至 2 月中下旬，有利于第二茬养殖生产的安排。因南美白对虾淡化养殖从南到北、从沿海到内地，各地区气候条件差异较大，因此，具体的时间安排应结合当地气候条件，灵活掌握。

497 怎样安排南美白对虾三茬养殖的时间？

南美白对虾三茬养殖，通常采取大棚＋露天＋大棚相结合的三茬养殖模式。其第一茬、第三茬养殖时均采取大棚辅助加热保温，且第一茬大棚养殖放苗时节提前至 2 月中下旬，4 月底至 5

月初即可捕捞上市;第二茬露天池塘养殖通常在 6 月中下旬放苗,8 月中旬开始捕捞;第三茬大棚养殖在 9 月中下旬完成虾苗放养,在元旦前后进行初次捕捞,春节前完成捕捞。南美白对虾多茬养殖过程中,通常可在其规格达到 120 只/千克左右时进行初次捕捞,以降低密度,促进后期生长。为确保养殖生长周期,南美白对虾三茬养殖其虾苗通常采取先集中培育、标粗后重新计数放养的模式,以提高池塘利用率,缩短单池养殖周期。具体时间可因地制宜,灵活调节。

498 什么是南美白对虾分级养殖?

南美白对虾分级养殖,就是利用养殖池塘设施,包括设施保温大棚等,将南美白对虾养殖分成苗种标粗和对虾养成两个阶段,实行"前期集中标粗、后期快速养成"的技术模式。该模式根据成虾养殖池数量,来决定苗种标粗池数量。通过对前期苗种的集中培育,实现后期放养大规格虾种、缩短单一池塘养成时间的目的,从而有效提高池塘利用率、减小养成风险积累,实现养殖比较效益的最大化。而且,采取分级养殖技术模式,可实现苗种标粗池和对虾养成池按生产配套所需面积划分比例、同步生产,为南美白对虾全年多茬循环反季节养殖创造条件。

499 南美白对虾分级养殖有什么优点?

南美白对虾分级养殖,将前期苗种阶段的分散养殖改为集中养殖、强化培育,有利于缩短养殖生产周期,降低生产管理和苗种培育成本,提高比较效益,实现苗种培育和对虾养成同步进行,保证了成虾收获后的再次投苗和持续养殖,为实现南美白对虾的全年多茬养殖、循环生产创造了条件。同时,分级养殖将南美白对虾苗种强化培育和养成在不同的池塘中进行,缩短了单一池塘养殖生产时间，避免了池塘底质老化，减小了养成风险积累和病害发生概率，提高了养殖成功率。而且当前期苗种标粗阶段出现风险时，可及时采取排苗清塘措施，使风险控制前移，避免给后续养成带来影响。

500 **什么是南美白对虾苗种小棚培育？**

　　南美白对虾苗种小棚培育，又称虾苗小棚标粗，就是利用南美白对虾养成池的一角，按养成池面积的 10% 左右，用塘泥围建可蓄水深度 1～1.2 米的小池，搭建小型保温设施大棚（图 11），开展南美白对虾苗种的集中培育，为大池养成提供大规格苗种。主要应用于南美白对虾苗种分级养殖，为养成阶段提供大规格苗种，但也可应用于南美白对虾苗种低盐度状态下的淡化培育。即将经过淡化培育场淡化，但其盐度仍略高于养殖场池水的苗种，再次进行淡化培育，使其与大塘养殖时池水的盐度一致，达到可大池塘放养的要求。

图 11　虾苗小棚标粗——大棚内套小棚（尚未盖棚顶）

501 **什么是南美白对虾苗种双层薄膜覆盖培育技术？**

南美白对虾苗种双层薄膜覆盖培育技术，是一种虾苗的集中培育标粗技术模式。就是在原有单层薄膜覆盖的大棚基础上，再在其上增拉一道钢索，然后再覆盖一层尼龙薄膜，最后用尼龙网作顶棚保护罩覆盖基上。这样采用双层薄膜覆盖，就使大棚内热量不易散发，大大提高了大棚保温效果，有利于提高虾苗标粗培育的积温和提升虾苗规格，为后期养成争取时间，提升经济效益。

502 **怎样控制调节保温设施大棚内水温？**

因春季及秋、冬季节水温较低，利用加热设施的增温作用和设施大棚的保温功能，提升并保持大棚内池塘水温，使之符合南美白对虾生长的温度需求，并根据天气、水温进行调节，是搭建保温设施大棚的主要目的。通常，第一茬养殖在放苗前就要提前开始加热增温，确保放苗时水温在 25℃ 以上，如有条件，在放苗前提升水温至 28℃ 更佳；在气温回升、大棚养殖池水温昼夜稳定在 25～28℃ 时可停止加热；当棚外气温连续数日接近或超过 30℃ 时，应及时开启大棚门窗或掀起薄膜，进行通气、降温，保持水温在 32℃ 以下。而第三茬养殖通常可在水温逐渐降低至 28～25℃ 时覆盖大棚薄膜，至水温 22℃ 时开始加热增温，并维持至捕捞结束。

503 **大棚养殖苗种放养有哪些技术要求？**

南美白对虾大棚养殖要求放养的苗种体质健康活泼，活动能力强，规格均匀一致，未携带传染性病原的良种子一代虾苗。虾苗规格 0.8 厘米以上，最好放养经标粗培育规格在 3～5 厘米的大规格虾苗。在放苗时，要特别注意养殖池或培育池盐度与淡化育苗池盐度的一致。大棚养殖南美白对虾放养密度一般为 5 万～10 万尾/亩。

504 怎样调节控制大棚养殖水环境？

有异于室外池塘养殖，大棚养殖构建了一个独特的微生态环境，其养殖水环境的调控，除了养殖用水需经沉淀、消毒、施放生物制剂、放养花白鲢、种植水生植物等方法净化处理后，才可过滤泵入养殖池；初始养殖用水需用生物肥料、光合细菌等进行肥水，保持池水透明度 30～40 厘米；应综合运用物理、化学、生物方法，适时调节水质，改良池塘底质，改善水体生态环境，使养殖水体长期保持肥、活、嫩、爽外，因环境相对封闭，养殖密度相对较高，浮游植物增氧作用较弱，需采用水车式环流增氧与底部曝气增氧相结合方式，及时开机增氧，适当增加开机次数和时间，保持池水溶解氧充足；特别是需要及时开关大棚、去掉棚顶覆盖薄膜，确保水温稳定适宜，防止水温过高影响南美白对虾生长。

505 大棚养殖饲料投喂技术要点

大棚养殖由于南美白对虾苗种放养密度较高，投饲总量较大，沉积排泄物更多，养殖池水体水质更容易变化败坏。因此，饲料投喂时需要遵循"少量多餐"原则，提高饲料利用率，减少残饵污染，保持水质良好，做到全池均匀散投；日投饲次数，第 1 个月日投饲 4～5 次，第 2 个月日投饲 3～4 次，以后日投饲 3 次。每次投喂后需及时检查吃食情况，一般以 1 小时左右吃完为宜，并根据南美白对虾生长、活动、摄食情况和天气、季节、水温变化，及时调整饲料投喂量。养殖中后期至起捕前，可在饲料中适量添加维生素 C、免疫多糖、免疫多肽等添加剂，每天添加 1～2 次，投饲 2 天停 2 天，以提高南美白对虾机体免疫力，保障其健康生长。

参 考 文 献

佚名，2008. 南美白对虾养殖实用技术 [J]. 饲料博览（8）：37.

刘文珍，徐节华，欧阳敏，2015. 淡水池塘养殖增氧技术及设备的研究现状与发展趋势 [J]. 江西水产科技（4）：41-45.

侯传宝，2010. 提高南美白对虾淡化成活率及苗种质量的措施 [J]. 渔业致富指南（4）：34-35.

李广丽，朱春华，李天凡，2000. 南美白对虾淡化和养殖技术 [J]. 水产养殖（6）：18-20.

李荣春，袁红平，李真斌，2012. 南美白对虾池塘养殖管理要点 [J]. 科学养鱼（9）：90.

黄平，2003. 水产养殖中水泵增氧的使用技巧 [J]. 渔业致富指南（18）：24.

黄平，2003. 水泵增氧的使用技巧 [J]. 科学养鱼（10）：39.

徐德明，1993. 水产养殖中增氧及其重要性 [J]. 渔业机械仪器，20（4）：12-14.

陈俊，2016. 养殖中水体溶解氧的重要性 [J]. 植物医生，29（11）：46-47.

李静，2014. 微孔增氧技术原理及在海水养殖中的应用 [J]. 中国水产（4）：71-72.

赖东书，2010. 增氧新技术——微孔曝气增氧 [J]. 福建农业（5）：29.

魏珂，杨敬辉，赵羚云，2012. 南美白对虾池塘养殖中几种机械增氧模式的应用比较 [J]. 科学养鱼（11）：32-33.

陆全平，2010. 池塘养殖环境调控技术（上）[J]. 农家致富（3）：43.

邢秀丽，祝少华，张剑波，等，2006. 南美白对虾养殖池塘常见水色及调控措施 [J]. 河南水产，68（3）：14.

王维，2014. 对虾养殖处理"菌和藻"有妙招 [J]. 当代水产（10）：84-87.

陈蓉，马贵华，曾祥志，2011. 池塘藻相与管理 [J]. 江西水产科技（1）：

44-46.

苏祥锦，2014. 藻相和菌相是否也有两面性 [J]. 当代水产（11）：80-80.

高贤涛，2016. 水体菌藻平衡是养殖成败之关键 [J]. 水产前沿（3）：80-81.

海南卓越生物有限公司，2012. 用"养护"新理念取代"消杀"旧模式（上）[J]. 渔业致富指南（11）：72-73.

海南卓越生物有限公司，2012. 用"养护"新理念取代"消杀"旧模式（下）[J]. 渔业致富指南（13）：73-74.

赵蕾，欧仁建，陈辉，等，2013. 养殖水体蓝藻水华的防治 [J]. 水产养殖（3）：41-45.

王维，2014. 养虾调水 32 问（上）[J]. 当代水产（12）：68-69.

王维，2015. 养虾调水 32 问（下）[J]. 当代水产（1）：72-74.

张水波，2015. 对虾养殖中 pH 的影响及其调控措施 [J]. 科学种养，119（11）：47.

康安娜，2012. 浅析增氧机使用原则与池塘溶解氧变动规律的关系 [J]. 黑龙江水产（6）：34-36.

聂鲗蓉，陈建伟，仇登高，2009. 南美白对虾养殖塘中溶解氧的消耗及对策 [J]. 齐鲁渔业（11）：35-36.

张水波，2013. 养虾池氨氮的科学认识与调控 [J]. 水产养殖（11）：26-28.

张水波，2014. 虾池亚硝酸盐的科学认识与消除方法 [J]. 科学种养（2）：43.

杨子龙，2007. 氨氮、亚硝酸盐和硫化氢在水产养殖中的危害和防治措施 [C]. 内蒙古自治区科协. 内蒙古自治区第四届自然科学学术年会论文集. 内蒙古自治区：内蒙古自治区科协，190-192.

高存川，徐春厚，2012. 微生态制剂在水产养殖水质改良中的应用 [J]. 湖北农业科学，51（7）：1419-1422.

蔡姝文，2014. 微生物制剂在水产养殖中的作用 [J]. 现代农业科技（18）：251-270.

袁林建，吴建华，2010. 光合细菌在水产养殖中的应用要点 [J]. 水产养殖，31（3）：27.

杭小英，叶雪平，施伟达，等，2008. 枯草芽孢杆菌制剂对罗氏沼虾养殖

池塘水质的影响 [J]. 浙江海洋学院学报（自然科学版），27（2）：197-200.

贾晓燕，2006. 养殖池塘底质改良措施 [J]. 农家顾问（7）：51-53.

朱清旭，2009. 改良养殖池塘底质的几种方法 [J]. 科学养鱼（6）：82.

阚伟兵，2014. 雨季对南美白对虾的影响及其预防措施 [J]. 养殖技术顾问（6）：108.

夏苏东，李勇，王文琪，等，2009. 蛋白质营养对高密度养殖凡纳滨对虾生长与免疫力的影响 [J]. 海洋科学，33（5）：51-58.

周兴华，向枭，陈建，2002. 南美白对虾的营养需求 [J]. 山东饲料（4）：18-19.

王彩理，刘丛力，滕瑜，2008. 南美白对虾的营养需求及饲料配制 [J]. 天津水产，3（4）：7-12.

王兴强，马甡，董双林，2005. 盐度和蛋白质水平对凡纳滨对虾存活、生长和能量转换的影响 [J]. 中国海洋大学学报（自然科学版），35（1）：33-37.

林少青，曾瑞秋，2006. 对虾的营养需求 [J]. 饲料工业，27（20）：28-31.

王文娟，杨俊江，迟淑艳，2012. 低盐度环境下凡纳滨对虾营养需求研究进展 [J]. 饲料博览，（4）：51-53.

孙燕军，2004. 南美白对虾的营养需求 [J]. 河北渔业（2）：16-18.

谭北平，阳会军，朱旺明，2001. 南美白对虾的营养需要 [J]. 广东饲料，10（6）：35-37.

郑高海，2017. 浅谈南美白对虾健康养殖中的补钙 [J]. 水产养殖（6）：37-38.

张水波，2015. 对虾生态养殖补充营养及健康补钙 [J]. 渔业致富指南（2）：44-46.

王海芳，朱基美，2016. 虾青素在对虾中的应用研究进展 [J]. 广东饲料（11）：49-52.

王海芳，朱基美，2016. 饲料中添加虾青素对南美白对虾生长，成活率及虾体内虾青素含量的影响 [J]. 广东饲料（4）：24-28.

闵信家，苏天凤，陈丕茂，2010. 南美白对虾健康养殖技术问答 [M]. 北京：化学工业出版社.

李玲，2000. 21 世纪世界饲料添加剂工业发展趋势及对策 ［J］. 饲料广角
（7）：1-5.

张力，宋长太，2010. 南美白对虾饲料的选择与科学投喂 ［J］. 渔业致富指
南（12）：41-42.

赵香占，2014. 南美白对虾养殖过程中的三个误区 ［J］. 渔业致富指南
（11）：51-52.

戚正梁，2016. 南美白对虾与中华鳖生态混养的多种模式及其关键技术
［J］. 水产养殖（9）：41-42.

王志武，2006. 南美白对虾科学投喂浅谈 ［J］. 中国水产（9）：36-37.

侯传宝，2008. 养殖南美白对虾投饵不当的危害及改进 ［J］. 科学养鱼
（10）：66-67.

钱华，孟梅红，2007. 养殖南美白对虾如何节省饵料成本 ［J］. 特种经济动
植物（5）：29.

中华人民共和国农业部组编，2009. 对虾技术 100 问 ［M］. 北京：中国农
业出版社.

唐兴本，陈百尧，龚琪本，等，2010. 浅谈南美白对虾科学投喂饵料技术
［J］. 科学养鱼（9）：67-69.

阳连贵，2012. 如何选择优质虾苗 ［J］. 农家之友，（9）：55.

王志武，2006. 南美白对虾科学投喂浅谈 ［J］. 中国水产（9）：36-37.

陈昌生，黄标，叶兆弘，等，2001. 南美白对虾摄食、生长及存活与温度
的关系 ［J］. 集美大学学报，6（12）：296-300.

范国明，陈贤龙，沈爱苗，2004. 南美白对虾摄食异常的原因及对策 ［J］.
中国水产（10）：69-70.

李传华，2013. 福州长乐地区南美白对虾养殖模式与高产稳产的探讨 ［J］.
吉林农业 C 版（3）：259-260.

王大鹏，韦嫔媛，2008. 对虾池混养的生态学原理及现状 ［J］. 广西水产科
技（1）：36-40.

朱迪，蒋天明，包永胜，等，2008. 甲鱼养殖技术之一：南美白对虾与日
本甲鱼混养试验 ［J］. 中国水产（10）：36-37.

蒋天明，朱迪，李幼云，2010. 南美白对虾、甲鱼、河鳗混养技术 ［J］. 渔
业致富指南（14）：36-37.

徐小磊，2015. 南美白对虾养殖池塘高效生态套养技术 ［J］. 科学养鱼，31

（3）：25-26.

苏永全，王军，周永灿，2002. 对虾养殖模式及其发展趋势［C］. 中国水产学会. 世界水产养殖科技大趋势-2002 年世界水产养殖大会论文交流综述. 北京：海洋出版社.

朱迪，蒋天明，包永胜，等，2008. 甲鱼养殖技术之一：南美白对虾与日本甲鱼混养试验［J］. 中国水产（10）：36-37.

何中央，2015. 南美白对虾甲鱼混养模式与技术介绍［J］. 中国水产（7）：25-27.

徐丽平，2012. 鱼虾混养模式优势分析与注意问题［J］. 水产养殖，33（6）：40-41.

王潮林，吕泽平，王燕波，等，2018. 南美白对虾套养鲫鱼技术初探［J］. 渔业致富指南（17）：62-66.

董胥明，2013. 南美白对虾池套养鲫鱼生态混养技术［J］. 渔业致富指南（8）：47-48.

包永胜，蒋天明，2010. 南美白对虾混养罗氏沼虾模式研究［J］. 渔业致富指南（1）：56-58.

徐光庆，黄元明，黄雨华，等，2013. 南美白对虾设施化年三茬养殖技术［J］. 中国水产（4）：76-78.

徐志进，2013. 南美白对虾大棚三茬养殖技术［J］. 科学养鱼（5）：29-30.

陈凡，叶键，王力，等，2012. 南美白对虾设施大棚双茬养殖技术［J］. 科学养鱼（1）：32-33.

董乔仕，吴成云，2012. 南美白对虾与罗氏沼虾生态混养技术［J］. 水产养殖（11）：28-29.

庞明伟，王新耀，华建权，等，2012. 南美白对虾苗种生态淡化关键技术［J］. 科学养鱼（6）：10-11.

王海表，郦森庆，2002. 南美白对虾病害预防与控制技术［J］. 渔业致富指南（6）：47-48.

朱泽闻，赵文武，2007. 南美白对虾养殖应警惕传染性肌肉坏死病毒［J］. 科学养鱼（6）：57.

图书在版编目（CIP）数据

南美白对虾淡化养殖 500 问／绍兴市水产技术推广中心，组编；戚正梁主编 . —北京：中国农业出版社，2021.10（2023.3 重印）

ISBN 978-7-109-28784-6

Ⅰ.①南… Ⅱ.①绍… ②戚… Ⅲ.①对虾科－淡水养殖－问题解答 Ⅳ.①S968.22-44

中国版本图书馆 CIP 数据核字（2021）第 194660 号

南美白对虾淡化养殖 500 问
NANMEI BAIDUIXIA DANHUA YANGZHI 500 WEN

中国农业出版社出版
地址：北京市朝阳区麦子店街 18 号楼
邮编：100125
责任编辑：林珠英　张艳晶
版式设计：杜　然　责任校对：吴丽婷
印刷：中农印务有限公司
版次：2021 年 10 月第 1 版
印次：2023 年 3 月北京第 2 次印刷
发行：新华书店北京发行所
开本：880mm×1230mm　1/32
印张：7.25
字数：180 千字
定价：26.00 元